新世纪劳动力转移与职业技能培训教材

装饰装修金属工快速入门

本书编委会　编

北京理工大学出版社
BEIJING INSTITUTE OF TECHNOLOGY PRESS

图书在版编目(CIP)数据

装饰装修金属工快速入门/《装饰装修金属工快速入门》编委会编. —北京:北京理工大学出版社,2010. 4(2011. 4 重印)

ISBN 978-7-5640-2931-9

Ⅰ. 装…　Ⅱ. 装…　Ⅲ. 建筑装饰-金属饰面材料-工程装修-技术培训-教材　Ⅳ. TU767

中国版本图书馆 CIP 数据核字(2009)第 218816 号

出版发行 / 北京理工大学出版社
社　　址 / 北京市海淀区中关村南大街 5 号
邮　　编 / 100081
电　　话 / (010)68914775(办公室)　68944990(批销中心)
　　　　　68911084(读者服务部)
网　　址 / http://www. bitpress. com. cn
经　　销 / 全国各地新华书店
印　　刷 / 北京市通州京华印刷制版厂
开　　本 / 787 毫米×1092 毫米　1/32
印　　张 / 9
字　　数 / 212 千字
版　　次 / 2010 年 4 月第 1 版　2011 年 4 月第 3 次印刷
定　　价 / 15. 80 元
责任校对 / 张沁萍
责任印制 / 边心超

对本书内容有任何疑问及建议,请与本书编委会联系。邮箱:bitdayi@sina. com

图书出现印装质量问题,本社负责调换

内容提要

本书根据装饰装修工程金属工的工作特点，重点对金属工上岗操作技能和专业技术知识进行了阐述，主要内容包括装饰装修工程施工图绘制与识读、金属装饰材料、金属工常用施工机具、金属装饰施工、安全管理与文明施工等。

本书资料翔实，内容丰富，图文并茂，是进行农村剩余劳动力转移培训、建设施工企业进行技术培训以及下岗职工进行再就业培训的理想教材。

装饰装修金属工快速入门

编 委 会

主　编： 徐晓珍

副主编： 王秋艳　张青立

编　委： 卢晓雪　王翠玲　崔奉伟　左万义　梁　允　许斌成　洪　波　华克见　王　燕　王晓丽　郤建荣　韩　轩

前言

我国是个农业大国，农村面积占国土面积的90%以上，农业人口占全国人口的70%。农业对全国经济发展，对整个社会稳定和全面进步起着不可估量的作用。“三农问题”（即农业、农村和农民问题）是长期困绕中国经济发展的一大难题。解决农村剩余劳动力出路，对中国现代化的实现和发展是重要关键。农村剩余劳动力能否成功转移直接影响到城乡的经济发展和社会稳定，关系到建设现代化中国等问题。

建筑业是我国国民经济的支柱产业，属于劳动密集型产业，具有就业容量大，吸纳农村剩余劳动力能力强等特点。当前建筑业已成为转移农村剩余劳动力的主要行业之一，建筑劳务经济的发展对促进农民增收，提高生活水平发挥了重要作用。加强农村剩余劳动力的培训是实现农村剩余劳动力顺利转移的重要保证。

近几年来，随着我国国民经济的快速发展，建筑工程行业也取得了蓬勃发展，建筑劳务规模也正不断壮大。而由于广大农村劳务人员文化程度普遍较低；观念较落后；技能水平较低，加之现阶段国家出于建筑工程行业发展的需要，对建筑工程材料、工程设计及施工质量验收等一系列标准规范进行了大规模的修订，各种建筑施工新技术、新材料、新设备、新工艺也得到了广泛的应用，如何在这种形势下提升建设行业从业人员的整体素质，加强建设工程领域广大农村劳务人员的技术能力的培养，提高其从业能力，已成为建设工程行业继续发展的重要任务。

为了进一步规范劳动技能和农村剩余劳动力的转移培训工作，满足广大建设工程行业从业人员对操作技能和专业技术知识的需求，我们组织有关方面的专家，在深入调查的基础上，结合建设行业的实际，体现建设施工企业的用工特点，编写了这套《新世纪劳动力转移与职业技能培训教材》。

本套教材编写时收集整理了大量的新材料、新技术、新工艺和新设备，突出了先进性。丛书注重对建设工程从业人员专业知识和技能的培养，融相关的专业法规、标准和规范等知识为一体。全书资料翔实、内容丰富、图文并茂、编撰体例新颖，是进行农村剩余劳动力转移培训、建设施工企业进行技术培训以及下岗职工进行再就业培训的理想教材。

本套教材在编写过程中，得到了有关专家学者的大力支持与帮助，参考和引用了有关部门、单位和个人的资料，在此深表谢意。限于编者的水平及阅历，加之编写时间仓促，书中错误及疏漏之处在所难免，恳请广大读者和有关专家批评指正。

本书编委会

目录

第一章 装饰装修工程施工图绘制与识读

第一节 投影知识

一、投影的概念

1. 投影图

光线投影于物体产生影子的现象称为投影，例如光线照射物体在地面或其他背景上产生影子，这个影子就是物体的投影。在制图学上把此投影称为投影图（亦称视图）。

用一组假想的光线把物体的形状投射到投影面上，并在其上形成物体的图像，这种用投影图表示物体的方法称作投影法，它表示光源、物体和投影面三者间的关系。

2. 投影法的分类

投影法分为两类，即中心投影法和平行投影法，其中平行投影法又可分为正投影法和斜投影法两种。

投射光线从一点发射对物体作投影图的方法称为中心投影法，如图 1-1（a）所示。用互相平行的投射光线对物体作投影图的方法称为平行投影法。投射光线相互平行且垂直于投影面时称为正投影法，如图 1-1（b）所示；投影光线相互平行但与投影面斜交时称为斜投影法，如图 1-1（c）所示。

正投影图能反映物体的真实形状和大小，在工程制图中得到了广泛的应用。因此，本节主要讨论正投影图。

3. 正投影的基本特性

（1）显实性。直线、平面平行于投影面时，其投影反映实长、实形，形状和大小均不变，这种特性称为投影的显实性，如图 1-2（a）所示。

（2）积聚性。直线、平面垂直于投影面时，其投影积聚为一点、直线，这种特性称作投影的积聚性，如图 1-2（b）所示。

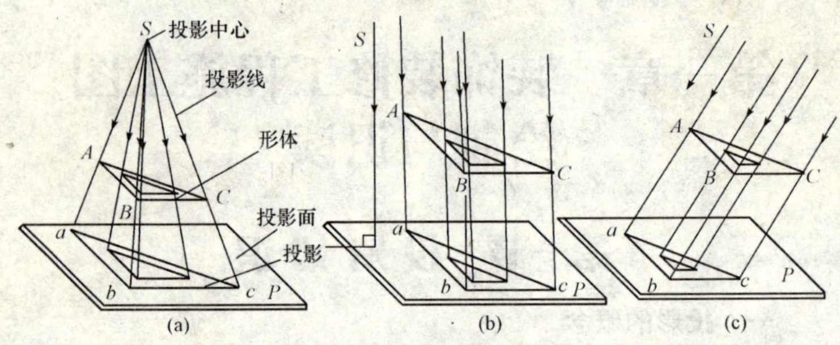

图 1-1　投影的种类

（a）中心投影；（b）正投影；（c）斜投影

（3）类似性。直线、平面倾斜于投影面时，其投影仍为直线（长度缩短）、平面（形状缩小），这种特性称作投影的类似性，如图 1-2（c）所示。

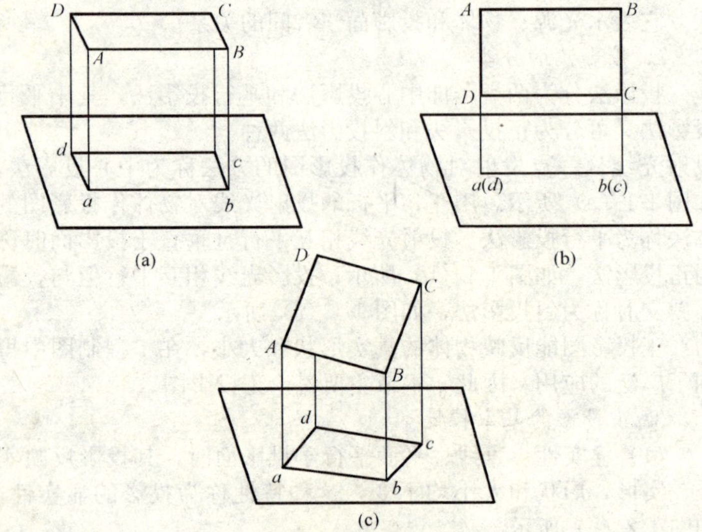

图 1-2　正投影规律

（a）平面平行投影面；（b）平面垂直投影面；（c）平面倾斜投影面

二、三面正投影图

1. 三面投影体系

反映一个空间物体的全部形状需要六个投影面，但一般物体用三个相互垂直的投影面上的三个投影图，就能比较充分地反映它的形状和大小，这三个相互垂直的投影面称为三面投影体系，如图 1-3 所示。三个投影面分别称为水平投影面（简称水平面，见图 1-3 中的 *H* 面）、正立投影面（简称立面，见图 1-3 中的 *V* 面）和侧立投影面（简称侧面，见图 1-3 中的 *W* 面）。各投影面间的交线称为投影轴。

2. 三面投影图的形成与展开

将物体置于三面投影体系之中，用三组分别垂直于 *V* 面、*H* 面和 *W* 面的平行投射线，向三个投影面作投影，即得物体的三面正投影图，如图 1-3 中的箭头所示。

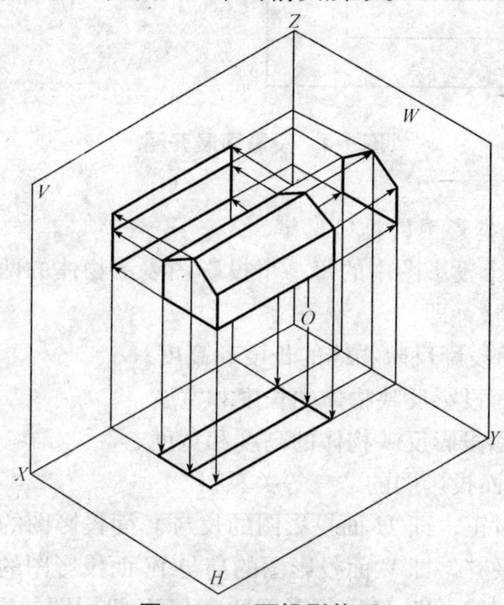

图 1-3　三面投影体系

上述所得到的三个投影图是相互垂直的，为了能在图纸平面上同时反映出这三个投影，需要将三个投影面及面上的投影图进行展开，展开的方法是：V 面不动，H 面绕 OX 轴向下转 90°，W 面绕 OZ 轴向右转 90°。这样三个投影面及投影图就展开于与 V 面重合的平面上，如图 1-4 所示。在实际制图中，投影面与投影轴省略不画，但三个投影图的位置必须正确。

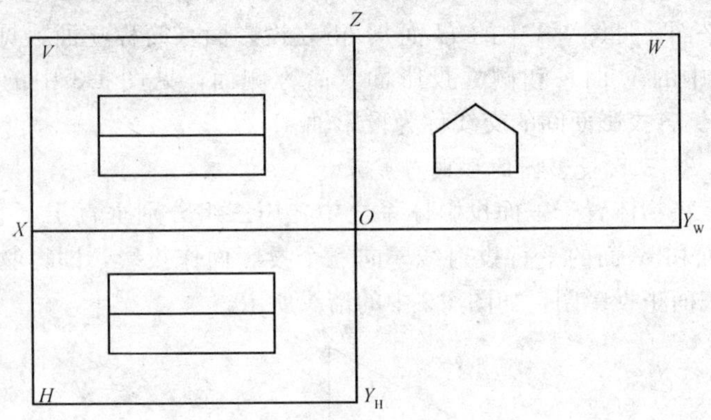

图 1-4　投影面展开图

3. 三面投影图的投影规律

（1）三个投影图中的每一个投影图表示物体的两个向度和一个面的形状，即：

1）V 面投影反映物体的长度和高度；

2）H 面投影反映物体的长度和宽度；

3）W 面投影反映物体的高度和宽度。

（2）三面投影图的“三等关系”：

1）长对正，即 H 面投影图的长与 V 面投影图的长相等；

2）高平齐，即 V 面投影图的高与 W 面投影图的高相等；

3）宽相等，即 H 面投影图的宽与 W 投影图的宽相等。

（3）三面投影图与各方位之间的关系。物体都具有左、右、前、后、上、下六个方向，在三面图中，它们的对应关系为：

1）V 面图反映物体的上、下和左、右的关系；

2）H 面图反映物体的左、右和前、后的关系；

3）W 面图反映物体的前、后和上、下的关系。

三、平面的三面正投影特性

1. 投影面平行面

投影面平行面平行于一个投影面，同时垂直于另外两个投影面，见表 1-1。其投影特点是。

表 1-1　投影面平行面

名称	直观图	投影图	投影特点
水平面	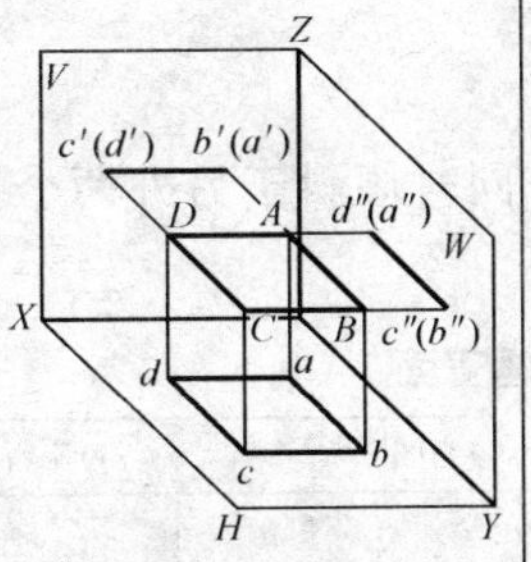	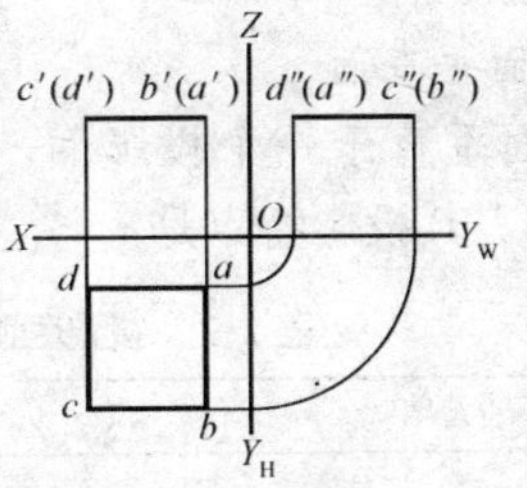	（1）在 H 面上的投影反映实形；（2）在 V 面、W 面上的投影积聚为一直线，且分别平行于 OX 轴和 OY_W 轴
正平面	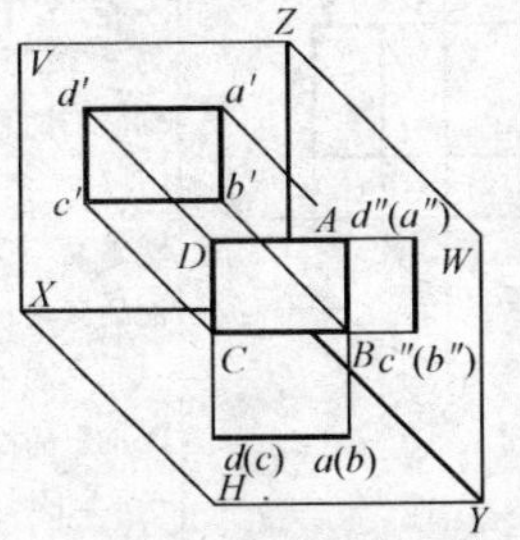	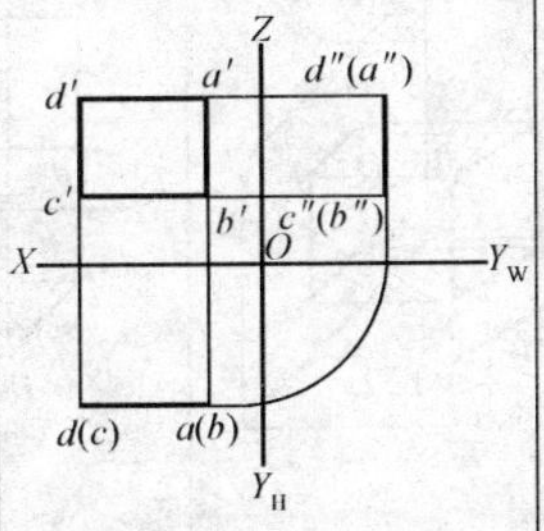	（1）在 V 面上的投影反映实形；（2）在 H 面、W 面上的投影积聚为一直线，且分别平行于 OX 轴和 OZ 轴

续表

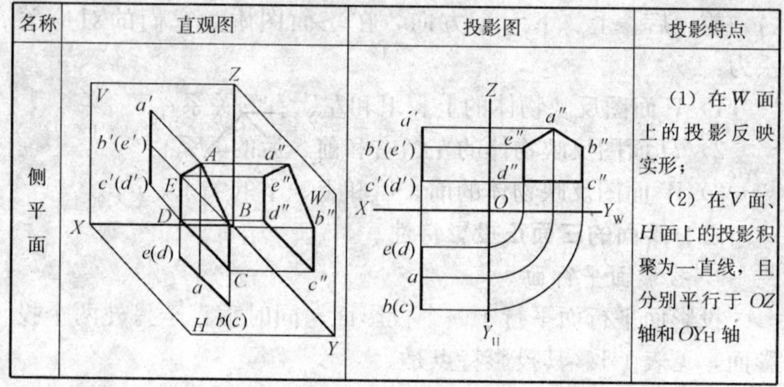

名称	直观图	投影图	投影特点
侧平面			(1) 在 W 面上的投影反映实形； (2) 在 V 面、H 面上的投影积聚为一直线，且分别平行于 OZ 轴和 OY_H 轴

（1）平面在它所平行的投影面上的投影反映实形。

（2）平面在另两个投影面上的投影积聚为直线，且分别平行于相应的投影轴。

2. 投影面垂直面

此类平面垂直于一个投影面，同时倾斜于另外两个投影面，见表 1-2。其投影特点是。

表 1-2　投影面垂直面

名称	直观图	投影图	投影特点
铅垂面			(1) 在 H 面上的投影积聚为一条与投影轴倾斜的直线； (2) β、γ 反映平面与 V、W 面的倾角； (3) 在 V、W 面上的投影小于平面的实形

续表

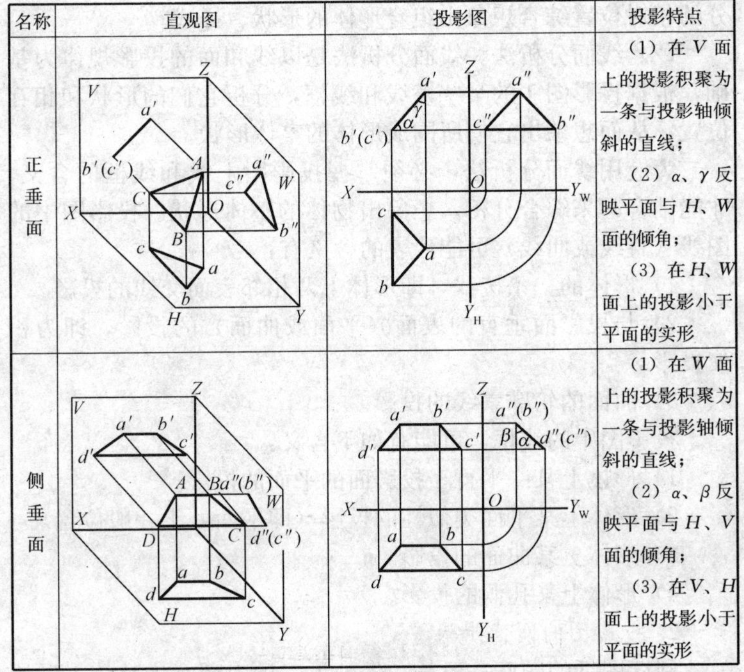

名称	直观图	投影图	投影特点
正垂面			(1) 在 V 面上的投影积聚为一条与投影轴倾斜的直线； (2) α、γ 反映平面与 H、W 面的倾角； (3) 在 H、W 面上的投影小于平面的实形
侧垂面			(1) 在 W 面上的投影积聚为一条与投影轴倾斜的直线； (2) α、β 反映平面与 H、V 面的倾角； (3) 在 V、H 面上的投影小于平面的实形

(1) 垂直面在它所垂直的投影面上的投影积聚为一条与投影轴倾斜的直线。

(2) 垂直面在另两个面上的投影不反映实形。

3. 一般位置平面

对三个投影面都倾斜的平面称作一般位置平面，其投影特点是：三个投影均为封闭图形，小于实形，没有积聚性，但具有类似性。

四、投影图的阅读

1. 投影图阅读方法

(1) 形体分析法。形体分析法也称堆积法，是把复杂的组合体分解为多个简单的几何体（即基本形体），然后根据各部分的相对位置综合想象出组合形体的形状、样式。

（2）线面分析法。线面分析法是以线和面的投影规律为基础，根据投影图中的某些棱线和线框，分析它们的形状和相互位置，从而想象出它们所围成形体的整体形状。

为应用线面分析法，必须掌握投影图上线和线框的含义，才能结合起来综合分析，想象出物体的整体形状。投影图中的图线（直线或曲线）可能代表的含义有：

1）形体的一条棱线，即形体上两相邻表面交线的投影。

2）与投影面垂直的表面（平面或曲面）的投影，即为积聚投影。

3）曲面的轮廓素线的投影。

投影图中的线框，可能有如下含义：

1）形体上某一平行于投影面的平面的投影。

2）形体上某平面类似性的投影（即平面处于一般位置）。

3）形体上某曲面的投影。

4）形体上某孔洞的投影。

2. 投影图的阅读步骤

阅读图纸的顺序一般是：先外形，后内部；先整体，后局部；最后由局部回到整体，综合想象出物体的形状。读图的方法，一般以形状分析法为主，线面分析法为辅。

阅读投影图的基本步骤为：

（1）从最能反映形体特征的投影图入手，一般以正立面（或平面）投影图为主，粗略分析形体的大致形状和组成。

（2）结合其他投影图阅读，正立面图与平面图对照，三个视图结合起来，运用形体分析法和线面分析法，形成立体感，综合想象，得出组合体的全貌。

（3）综合各投影图，想象整个形体的形状与构造。

第二节　工程制图基础知识

一、图纸幅面、标题栏及会签栏

1. 图纸幅面

为合理使用图纸和便于图纸的管理，所有设计图纸的幅面均应符合表 1-3的规定。

表 1-3　图纸幅面及图框尺寸　mm

尺寸代号 \ 幅面代号	A0	A1	A2	A3	A4
$b\times l$	841×1189	594×841	420×594	297×420	210×297
c	10			5	
a	25				

表中尺寸量为裁边以后的大小，单位为 mm。表中代号的意义如图 1-5 所示。

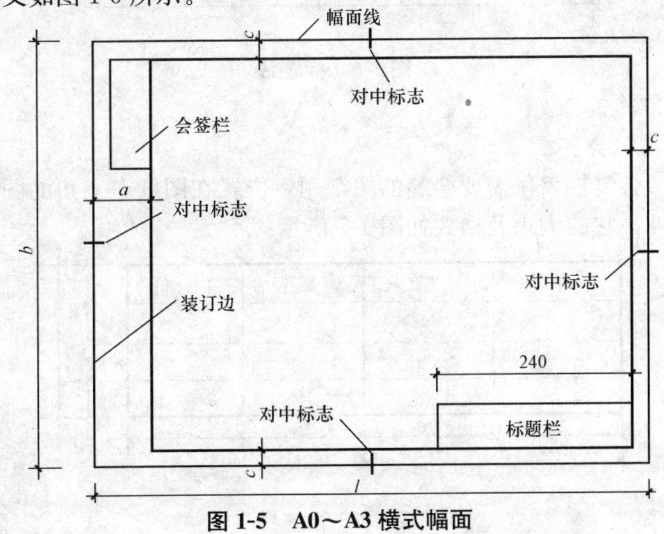

图 1-5　A0～A3 横式幅面

2. 标题栏

标题栏（简称图标）应放置在图纸的右下角，它的大小及格式如图 1-6 所示。

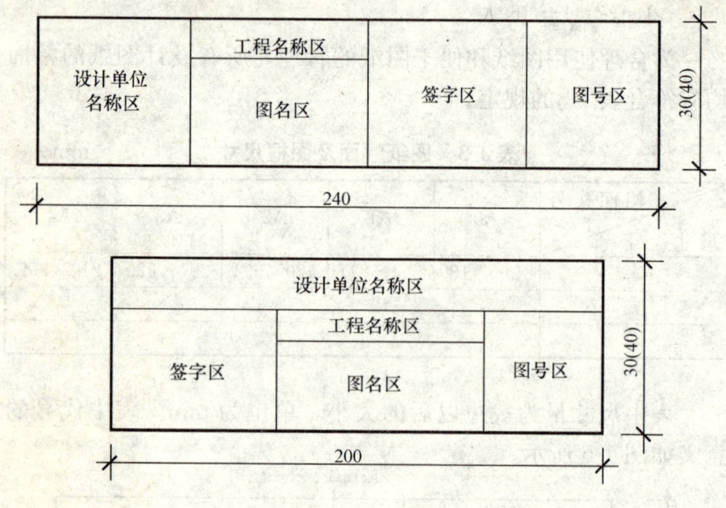

图 1-6　标题栏

3. 会签栏

会签栏仅供需要会签的图纸用，位置在图纸左上角的图框线外，它的大小及格式如图 1-7 所示。

（专业）	（实名）	（签名）	（日期）

25　25　25　25　100　5　5　5　5　20

图 1-7　会签栏

二、比例

图样的比例，应为图形与实物相对应的线性尺寸之比。例如1：100就是用图上1 m的长度表示房屋实际长度100 m。比例的大小是指比值的大小，如1：50大于1：100。建筑工程中大都用缩小比例。

比例的符号为“：”，比例应以阿拉伯数字表示，如1：1、1：2、1：100等。比例宜注写在图名的右侧，字的基准线应取平；比例的字高宜比图名的字高小一号或二号，如图1-8所示。

平面图 1：100　　⑥1：20

图1-8　比例的注写

1. 常用绘图比例

绘图所用的比例，应根据图样的用途与被绘对象的复杂程度选用，常用绘图比例见表1-4，并应优先用表中常用比例。

表1-4　绘图常用的比例

常用比例	1：1、1：2、1：5、1：10、1：20、1：50、1：100、1：150、1：200、1：500、1：1 000、1：2 000、1：5 000、1：10 000、1：20 000、1：50 000、1：100 000、1：200 000
可用比例	1：3、1：4、1：6、1：15、1：25、1：30、1：40、1：60、1：80、1：250、1：300、1：400、1：600

2. 总图制图比例

总图制图采用的比例宜符合表1-5的规定。

表1-5　总图制图比例

图　名	比　例
地理、交通位置图	1：25 000～1：200 000
总体规划、总体布置、区域位置图	1：2 000、1：5 000、1：10 000、1：25 000、1：50 000

续表

图　　名	比　　例
总平面图，竖向布置图，管线综合图，土方图，排水图，铁路、道路平面图，绿化平面图	1∶500、1∶1 000、1∶2 000
铁路、道路纵断面图	垂直：1∶100、1∶200、1∶500 水平：1∶1 000、1∶2 000、1∶5 000
铁路、道路横断面图	1∶50、1∶100、1∶200
场地断面图	1∶100、1∶200、1∶500、1∶1 000
详图	1∶1、1∶2、1∶5、1∶10、1∶20、1∶50、1∶100、1∶200

3. 建筑制图比例

建筑专业、室内设计专业制图选用的比例宜符合表 1-6 的规定。

表 1-6　建筑制图比例

图　　名	比　　例
建筑物或构筑物的平面图、立面图、剖面图	1∶50、1∶100、1∶150、1∶200、1∶300
建筑物或构筑物的局部放大图	1∶10、1∶20、1∶25、1∶30、1∶50
配件及构造详图	1∶1、1∶2、1∶5、1∶10、1∶15、1∶20、1∶25、1∶30、1∶50

4. 建筑结构制图比例

绘图时根据图样的用途及被绘物体的复杂程度，应选用表

1-7 中的常用比例，特殊情况下也可选用可用比例。

表 1-7　建筑结构制图比例

图　　名	常用比例	可用比例
结构平面图 基础平面图	1∶50、1∶100 1∶150、1∶200	1∶60
圈梁平面图，总图中管沟、地下设施等	1∶200、1∶500	1∶300
详　　图	1∶10、1∶20	1∶5、1∶25、1∶40

5. 其他规定

(1) 一般情况下，一个图样应选用一种比例。根据专业制图需要，同一图样可选用两种比例。

(2) 特殊情况下也可自选比例，这时除应注出绘图比例外，还必须在适当位置绘制出相应的比例尺。

1) 在建筑制图中，铁路、道路、土方等的纵断面图，可在水平方向和垂直方向选用不同比例。

2) 在建筑结构制图中，当构件的纵、横向断面尺寸相差悬殊时，可在同一详图中的纵、横向选用不同的比例绘制。轴线尺寸与构件尺寸也可选用不同的比例绘制。

(3) 在同一张图纸中，相同比例的各图样应选用相同的线宽组。

三、字体

图纸上所有的字体，包括各种符号、字母代号、尺寸数字及文字说明等，一般用黑墨水书写；各种字体应从左到右横向书写，并应注意标点符号清楚。书写各种字体时，必须做到：字体端正，笔画清楚，排列整齐，间隔均匀。

汉字的高度，一般以不小于 3.5 mm 为宜。汉字应写长仿宋，并应用国务院公布的简化字，如图 1-9 所示。

民用建筑厂房屋平立剖面详图

施说明比例尺寸长宽高厚砖瓦

土砂浆水泥钢筋混凝截校核梯

门窗基础地层楼板梁柱墙厕浴

定日期一二三四五六七八九十

图 1-9　仿宋字体示例

拉丁字母、阿拉伯数字、罗马数字的字高，不得小于 2.5 mm。斜体的阿拉伯数字及大小写字母的示例如图 1-10 所示。

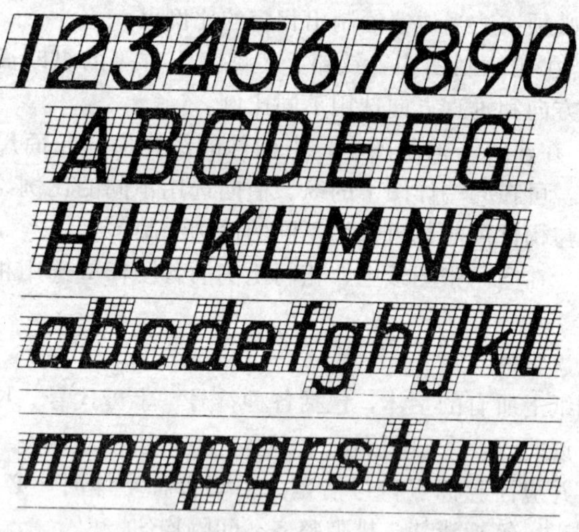

图 1-10　斜体的阿拉伯数字及大小写字母示例

四、图线

图样上的线条以不同的形式、不同的宽度来区分。

1. 图线宽度的选取

图线的宽度 b，宜从下列线宽系列中选取：2.0、1.4、1.0、0.7、0.5、0.35（mm）。每个图样，应根据其复杂程度与比例大小，先选定基本线宽 b，再选用表 1-8 中相应的线宽组。

表 1-8 线宽组 mm

线宽比	线宽组					
b	2.0	1.4	1.0	0.7	0.5	0.35
$0.5b$	1.0	0.7	0.5	0.35	0.25	0.18
$0.25b$	0.5	0.35	0.25	0.18	—	—

注：1 需要微缩的图纸，不宜采用 0.18 mm 及更细的线宽。
2 同一张图纸内，各不同线宽中的细线，可统一采用较细的线宽组的细线。

2. 常见线型宽度及用途

工程建设制图常见线型宽度及用途见表 1-9。

表 1-9 工程建设制图常见线型宽度及用途

名称		线型	线宽	一般用途
实线	粗	————————	b	主要可见轮廓线
	中	————————	$0.5b$	可见轮廓线
	细	————————	$0.25b$	可见轮廓线、图例线
虚线	粗	— — — — — —	b	见各有关专业制图标准
	中	— — — — — —	$0.5b$	不可见轮廓线
	细	— — — — — —	$0.25b$	不可见轮廓线、图例线

续表

名称		线型	线宽	一般用途
单点长画线	粗		b	见各有关专业制图标准
	中		0.5b	见各有关专业制图标准
	细		0.25b	中心线、对称线等
双点长画线	粗		b	见各有关专业制图标准
	中		0.5b	见各有关专业制图标准
	细		0.25b	假想轮廓线、成型前原始轮廓线
折断线			0.25b	断开界线
波浪线			0.25b	断开界线

3. 总图制图图线

总图制图应根据图纸功能，按表 1-10 的规定选用线型。

表 1-10 总图制图图线

名称		线型	线宽	用途
实线	粗		b	(1) 新建建筑物±0.00 高度的可见轮廓线； (2) 新建的铁路、管线
	中		0.5b	(1) 新建构筑物、道路、桥涵、边坡、围墙、露天堆场、运输设施、挡土墙的可见轮廓线； (2) 场地、区域分界线、用地红线，建筑红线，尺寸起止符号，河道蓝线； (3) 新建建筑物±0.00 高度以外的可见轮廓线

续表

名称		线型	线宽	用途
实线	细		0.25b	(1) 新建道路路肩、人行道、排水沟、树丛、草地、花坛的可见轮廓线； (2) 原有（包括保留和拟拆除的）建筑物、构筑物、铁路、道路、桥涵、围墙的可见轮廓线； (3) 坐标网线、图例线、尺寸线、尺寸界线、引出线、索引符号等
虚线	粗		b	新建建筑物、构筑物的不可见轮廓线
	中		0.5b	(1) 计划扩建建筑物、构筑物、预留地、铁路、道路、桥涵、围墙、运输设施、管线的轮廓线； (2) 洪水淹没线
	细		0.25b	原有建筑物、构筑物、铁路、道路、桥涵、围墙的不可见轮廓线
单点长画线	粗		b	露天矿开采边界线
	中		0.5b	土方填挖区的零点线
	细		0.25b	分水线、中心线、对称线、定位轴线
粗双点长画线			b	地下开采区塌落界线

续表

名　称	线　　型	线　宽	用　　途
折断线		0.5b	断开界线
波浪线		0.5b	
注：应根据图样中所表示的不同重点，确定不同的粗细线型。例如，绘制总平面图时，新建建筑物采用粗实线，其他部分采用中线和细线；绘制管线综合图或铁路图时，管线、铁路采用粗实线。			

4. 建筑制图图线

建筑专业、室内设计专业制图采用的各种图线应符合表1-11的规定。

表1-11　建筑制图图线

名　称	线　　型	线　宽	用　　途
粗实线		b	（1）平、剖面图中被剖切的主要建筑构造（包括构配件）的轮廓线； （2）建筑立面图或室内立面图的外轮廓线； （3）建筑构造详图中被剖切的主要部分的轮廓线； （4）建筑构配件详图中的外轮廓线； （5）平、立、剖面图的剖切符号
中实线		0.5b	（1）平、剖面图中被剖切的次要建筑构造（包括构配件）的轮廓线； （2）建筑平、立、剖面图中建筑构配件的轮廓线； （3）建筑构造详图及建筑构配件详图中的一般轮廓线

续表

名称	线型	线宽	用途
细实线	————————	0.25b	小于 0.5b 的图形线、尺寸线、尺寸界线、图例线、索引符号、标高符号、详图材料做法引出线等
中虚线	— — — — — — —	0.5b	(1) 建筑构造详图及建筑构配件不可见的轮廓线； (2) 平面图中的起重机(吊车)轮廓线； (3) 拟扩建的建筑物轮廓线
细虚线	— — — — — — —	0.25b	图例线、小于 0.5b 的不可见轮廓线
粗单点长画线	——·——·——	b	起重机（吊车）轨道线
细单点长画线	——·——·——	0.25b	中心线、对称线、定位轴线
折断线	———∧/———	0.25b	不需画全的断开界线
波浪线	～～	0.25b	不需画全的断开界线。 构造层次的断开界线

注：地平线的线宽可用 1.4b。

5. 建筑结构制图图线

建筑结构专业制图应选用表 1-12 所示的图线。

表 1-12　建筑结构制图图线

名称		线型	线宽	一般用途
实线	粗	——	b	螺栓、主钢筋线、结构平面图中的单线结构构件线、钢木支撑及系杆线，图名下横线、剖切线
	中	——	0.5b	结构平面图及详图中剖到或可见的墙身轮廓线，基础轮廓线，钢、木结构轮廓线，箍筋线，板钢筋线
	细	——	0.25b	可见的钢筋混凝土构件的轮廓线、尺寸线、标注引出线，标高符号、索引符号
虚线	粗	– – – –	b	不可见的钢筋、螺栓线，结构平面图中的不可见的单线结构构件线及钢、木支撑线
	中	– – – –	0.5b	结构平面图中的不可见构件、墙身轮廓线及钢、木构件轮廓线
	细	– – – –	0.25b	基础平面图中的管沟轮廓线、不可见的钢筋混凝土构件轮廓线
单点长画线	粗	—·—·—	b	柱间支撑、垂直支撑、设备基础轴线图中的中心线
	细	—·—·—	0.25b	定位轴线、对称线、中心线
双点长画线	粗	—··—··—	b	预应力钢筋线
	细	—··—··—	0.25b	原有结构轮廓线
折断线		—\/—	0.25b	断开界线
波浪线		～～	0.25b	断开界线

6. 其他规定

(1) 同一张图纸内，相同比例的各图样应选用相同的线宽组。

(2) 相互平行的图线，其间隙不宜小于其中的粗线宽度，且不宜小于 0.7 mm。

(3) 虚线、单点长画线或双点长画线的线段长度和间隔，宜各自相等。

(4) 单点长画线或双点长画线，当在较小图形中绘制有困难时，可用实线代替。

(5) 单点长画线或双点长画线的两端，不应是点。点画线与点画线交接或点画线与其他图线交接时，应是线段交接。

(6) 虚线与虚线交接或虚线与其他图线交接时，应是线段交接。虚线为实线的延长线时，不得与实线连接。

(7) 图线不得与文字、数字或符号重叠、混淆，不可避免时，应首先保证文字等的清晰。

五、尺寸标注

(1) 图样上的尺寸，包括尺寸界线、尺寸线、尺寸起止符号和尺寸数字，如图 1-11所示。

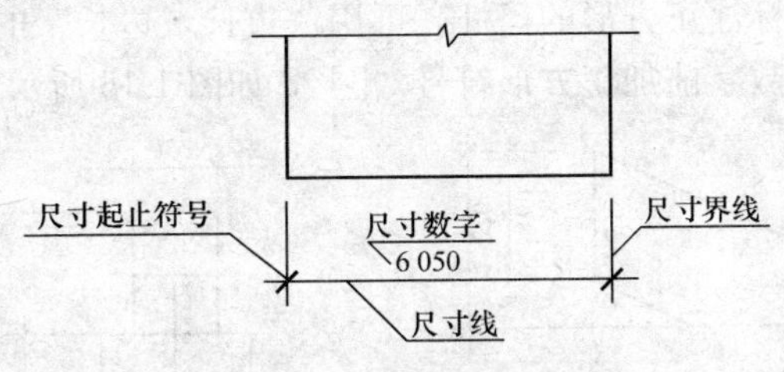

图 1-11　尺寸的组成

(2) 图样上的尺寸单位，除标高及总平面以 m 为单位外，其他必须以 mm 为单位。

（3）角度的尺寸线应以圆弧表示。该圆弧的圆心应是该角的顶点，角的两条边为尺寸界线。起止符号应以箭头表示，如没有足够位置画箭头，可用圆点代替，角度数字应按水平方向注写，如图 1-12 所示。

（4）标注圆弧的弧长时，尺寸线应以与该圆弧同心的圆弧线表示，尺寸界线应垂直于该圆弧的弦，起止符号用箭头表示，弧长数字上方应加注圆弧符号“⌒”，如图 1-13 所示；弦长标注方法，如图 1-14 所示。

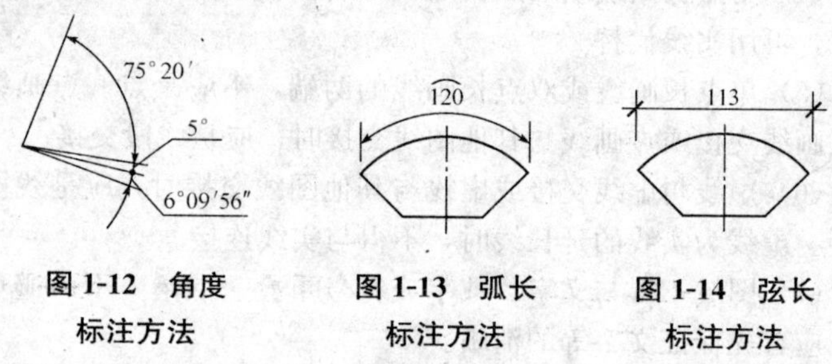

图 1-12　角度标注方法　**图 1-13　弧长标注方法**　**图 1-14　弦长标注方法**

（5）在薄板板面标注板厚尺寸时，应在厚度数字前加厚度符号“*t*”，如图 1-15 所示。

（6）标注正方形的尺寸，可用“边长×边长”的形式，也可在边长数字前加正方形符号“□”，如图 1-16 所示。

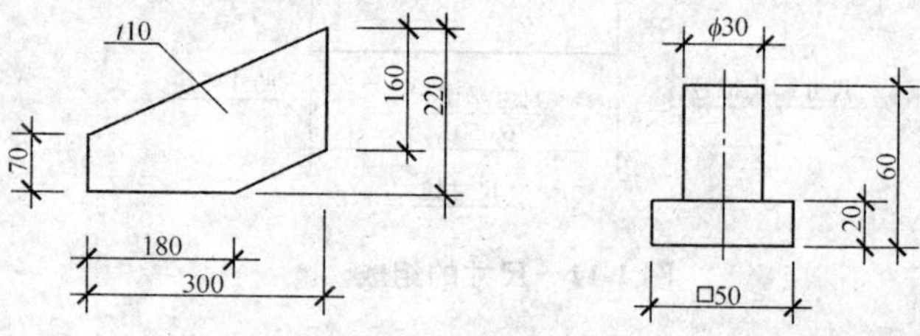

图 1-15　薄板厚度标注方法　**图 1-16　正方形尺寸标注方法**

六、符号

1. 剖切符号

（1）剖视的剖切符号应符合下列规定：

1）剖视的剖切符号应由剖切位置线及投射方向线组成，均应以粗实线绘制。剖切位置线的长度宜为 6～10 mm；投射方向线应垂直于剖切位置线，长度应短于剖切位置线，宜为 4～6 mm，如图 1-17 所示。绘制时，剖视的剖切符号不应与其他图线相接触。

2）剖视剖切符号的编号宜采用阿拉伯数字，按顺序由左至右、由下至上连续编排，并应注写在剖视方向线的端部。

3）需要转折的剖切位置线，应在转角的外侧加注与该符号相同的编号。

4）建（构）筑物剖面图的剖切符号宜注在±0.00 标高的平面图上。

（2）断面的剖切符号应符合下列规定：

1）断面的剖切符号应用剖切位置线表示，并应以粗实线绘制，长度宜为6～10 mm。

2）断面剖切符号的编号宜采用阿拉伯数字，按顺序连续编排，并应注写在剖切位置线的一侧；编号所在的一侧应为该断面的剖视方向，如图 1-18 所示。

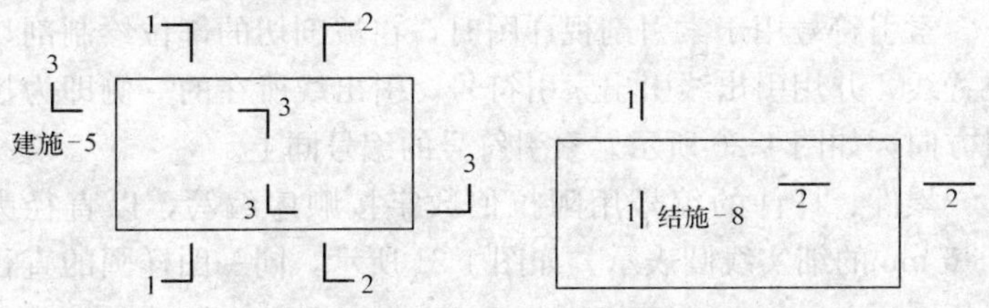

图 1-17　剖视的剖切符号　　　图 1-18　断面剖切符号

（3）剖面图或断面图，如与被剖切图样不在同一张图内，可在剖切位置线的另一侧注明其所在图纸的编号，也可以在图上集中说明。

2. 索引符号与详图符号

图样中的某一局部或构件需另见详图时，以索引符号索引，如图 1-19（a）所示。索引符号由直径为 10 mm 的圆和水平直径组成，圆和水平直径用细实线表示。索引出的详图与被索引出的详图同在一张图纸时，在索引符号的上半圆中用阿拉伯数字注明该详图的编号，在下半圆中间画一段水平细实线，如图 1-19（b）所示。索引出的详图与被索引出的详图不在同一张图纸时，在索引符号的上半圆中用阿拉伯数字注明该详图的编号，在下半圆中用阿拉伯数字注明该详图所在图纸的编号，如图 1-19（c）所示，数字较多时，也可加文字标注。

索引出的详图采用标准图时，在索引符号水平直径的延长线上加注该标准图册的编号，如图 1-19（d）所示。

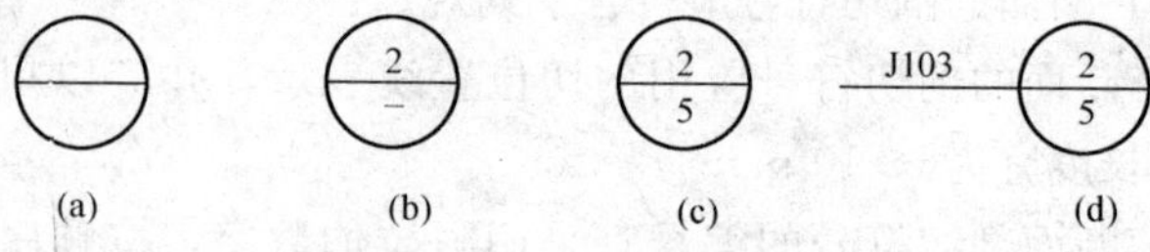

图 1-19　索引符号

索引符号用于索引剖视详图时，在被剖切的部位绘制剖切位置线，并用引出线引出索引符号，引出线所在的一侧即为投射方向，如图 1-20 所示。索引符号的编号同上。

零件、杆件的编号用阿拉伯数字按顺序编写，以直径为 4～6 mm的细实线圆表示，如图 1-21 所示，同一图样圆的直径要相同。

详图符号的圆用直径为 14 mm 的粗线表示，当详图与被索引出的图样在同一张图纸内时，在详图符号内用阿拉伯数字注明该详图编号，如图 1-22 所示。

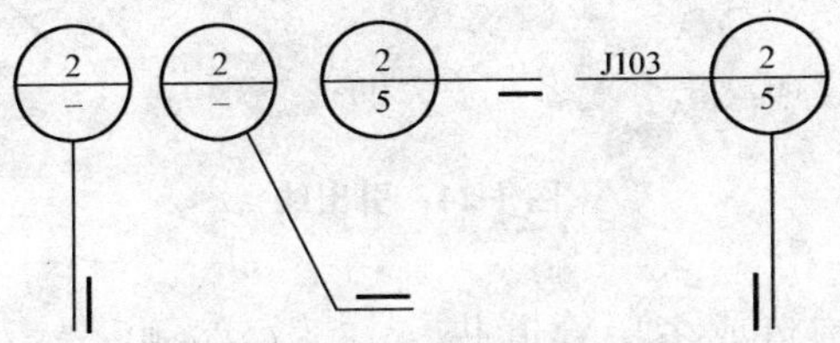

图 1-20　用于索引剖面详图的索引符号

当详图与被索引出的图样不在同一张图纸时，用细实线在详图符号内画一水平直径，上半圆中注明详图的编号，下半圆注明被索引图纸的编号，如图 1-23。

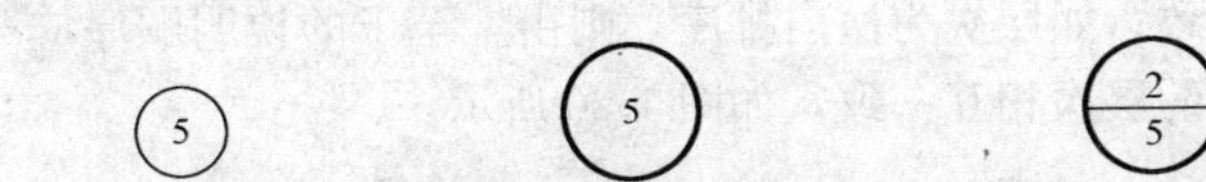

图 1-21　零件、杆件的编号

图 1-22　与被索引出的图样在同一张图纸的详图符号

图 1-23　与被索引出的图样不在同一张图纸的详图符号

3. 引出线

引出线应以细实线绘制，宜采用水平方向的直线、与水平方向成 30°、45°、60°、90°的直线，或经上述角度再折为水平线。文字说明宜注写在水平线的上方，如图 1-24（a）所示；也可注写在水平线的端部，如图 1-24（b）所示。索引详图的引出线，应对准索引符号的圆心，如图 1-24（c）所示。

同时引出几个相同部分的引出线，宜互相平行，如图 1-25（a）所示，也可画成集中于一点的放射线，如图 1-25（b）所示。

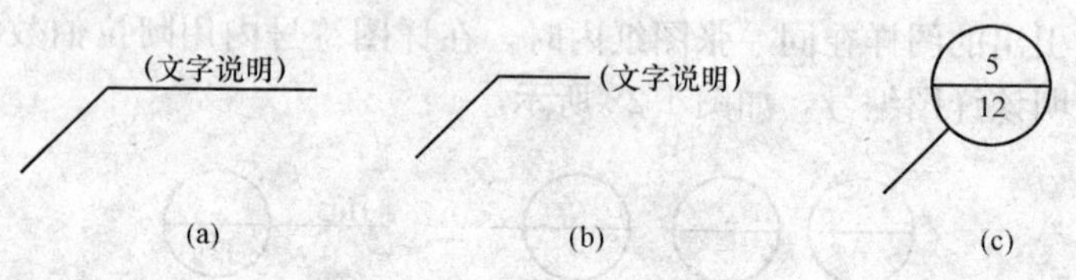

图 1-24 引出线

多层构造或多层管道共用引出线，应通过被引出的各层。文字说明宜注写在水平线的上方，或注写在水平线的端部，说明的顺序应由上至下，并应与被说明的层次相互一致；如层次为横向排序，则由上至下的说明顺序应与由左至右的层次相互一致，如图 1-26 所示。

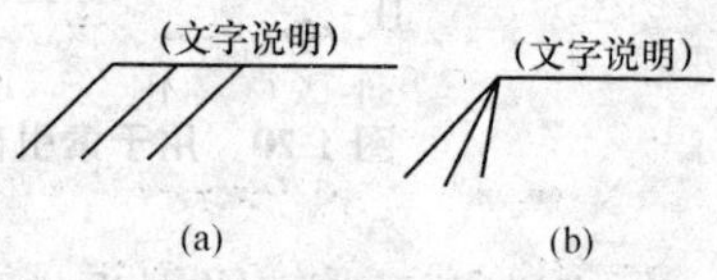

图 1-25 共用引出线

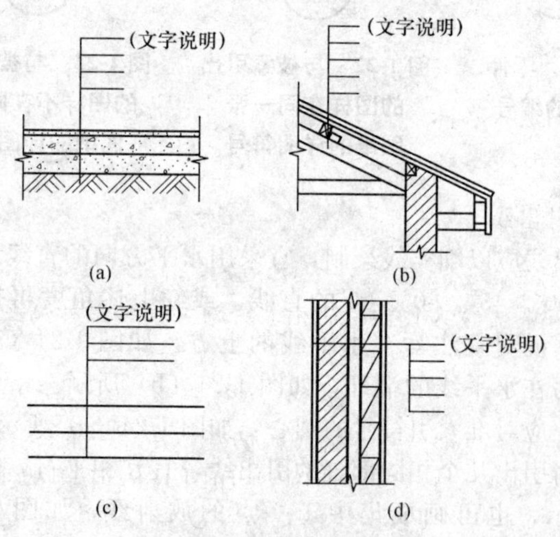

图 1-26 多层构造引出线

4. 对称符号

施工图中的对称符号由对称线和两端的两对平行线组成。对称线用细点画线表示，平行线用细实线表示。平行线长度为6～10 mm，每对平行线的间距为2～3 mm，对称线垂直平分于两对平行线，两端超出平行线2～3 mm，如图1-27所示。

5. 连接符号

施工图中，当构件详图的纵向较长、重复较多时，可省略重复部分，用连接符号相连。连接符号用折断线表示所需连接的部位，当两部位相距过远时，折断线两端靠图样一侧要标注大写拉丁字母表示连接编号。两个被连接的图样要用相同的字母编号，如图1-28所示。

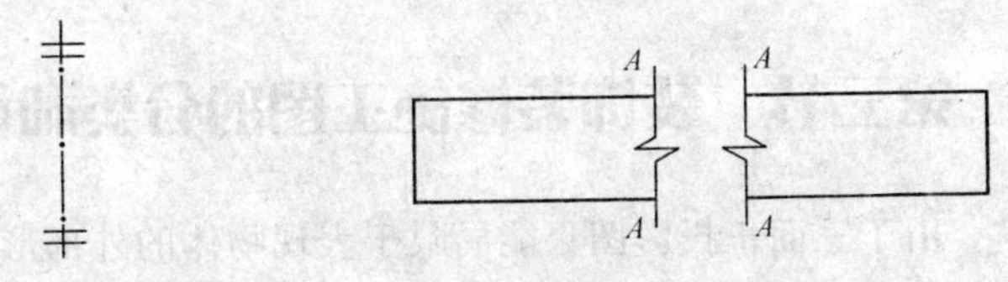

图1-27　对称符号　　**图1-28　连接符号**

6. 指北针

在总平面图中应画有指北针，以表示建筑物的方向。指北针的形状宜如图1-29所示，其圆的直径宜为24 mm，用细实线绘制；指针尾部的宽度宜为3 mm，指针头部应注“北”或“N”字。需用较大直径绘制指北针时，指针尾部宽度宜为直径的1/8。

7. 风向频率玫瑰图

为表示某一地区常年的风向情况，在总平面图中要画上风向频率玫瑰图（简称风玫瑰图），如图1-30所示。图中把东南西北划分为16个方位，各方位上的长度，就是把多年来各方位平均刮风的次数占刮风总次数的百分数值，按一定的比例定出的。图中所示的风向是指从外面刮向地区中心的方向。实线指全年的风向，虚线指夏季的风向。

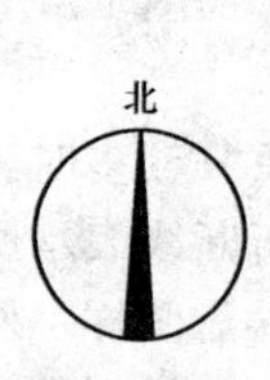

图 1-29 指北针

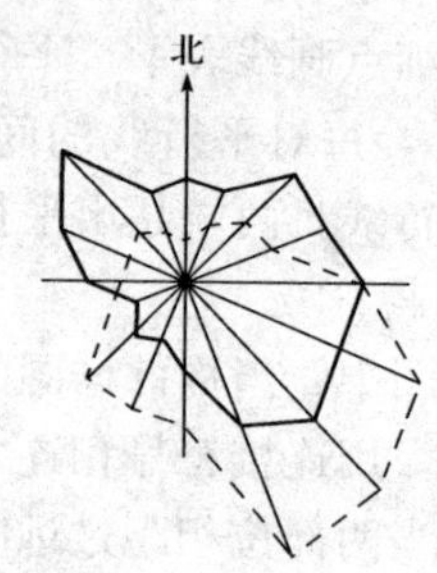

图 1-30 风向频率玫瑰图

第三节 装饰装修施工图的分类和识读

由于三面正投影图只能局限于表现物体的外部形状，不能深入地表达它们的内部形象，特别是装饰装修工程部构件之间关系及构造较为复杂，如果得不到体现，图的使用价值就不大。为了表现装饰内部构造，人们将剖面图运用到装饰装修工程中，从水平方向剖开来反映装饰部件内部周围关系；从垂直方向剖开来反映装饰部件内部上下情况。水平方向剖开形成的图称为装饰平面图，垂直方向剖开得到的图称为装饰剖面图，加上反映装饰部件外形的立面图，便是三视图。三视图又称为平、剖、立面图，它可以比较全面而清楚地表现物体。

一、平面图

1. 平面图的绘制

（1）平面图的方向宜与总图方向一致。平面图的长边宜与横式幅面图纸的长边一致。

（2）在同一张图纸上绘制多于一层的平面图时，各层平面图宜按层数由低向高的顺序从左至右或从下至上布置。

（3）除顶棚平面图外，各种平面图应按正投影法绘制。

（4）建筑物平面图应在建筑物的门窗洞口处水平剖切俯视（屋顶平面图应在屋面以上俯视），图内应包括剖切面及投影方向可见的建筑构造以及必要的尺寸、标高等，如需表示高窗、洞口、通气孔、槽、地沟及起重机等不可见部分，则应以虚线绘制。

（5）建筑物平面图应注写房间的名称或编号。编号注写在直径为 6 mm 细实线绘制的圆圈内，并在同张图纸上列出房间名称表。

（6）平面较大的建筑物，可分区绘制平面图，但每张平面图均应绘制组合示意图。各区应分别用大写拉丁字母编号。在组合示意图中要提示的分区，应采用阴影线或填充的方式表示。

（7）顶棚平面图宜用镜像投影法绘制。

（8）为表示室内立面在平面图上的位置，应在平面图上用内视符号注明视点位置、方向及立面编号（图 1-31）。符号中的圆圈应用细实线绘制，根据图面比例圆圈直径可选择 8～12 mm。立面编号宜用拉丁字母或阿拉伯数字。

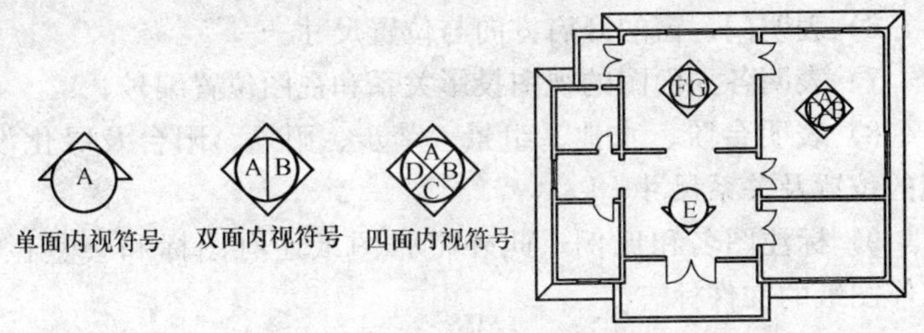

图 1-31　平面图上内视符号应用示例

2. 平面图的识读

建筑装饰平面图是建筑功能、建筑技术、装饰艺术、装饰经济等在平面上的体现，在建筑装饰装修工程中是非常受人重视的。其效用主要表现为：建筑结构与尺寸；装饰布置与装饰结构及其尺寸的关系；设备、家具的陈设位置及尺寸关系。

（1）装饰施工平面图表达的内容比较多，概括起来主要有以下几点：

1）表明建筑物的平面形状与尺寸。建筑物在装饰平面图中的平面尺寸常分为三个层次。最外一层是外包尺寸，表明建筑物的总长度。第二层是房间的净空尺寸。第三层是门窗、墙垛、柱、楼梯等的结构尺寸。

2）表明装修装饰结构在建筑物内的平面位置以及与建筑结构的相互关系尺寸，表明装饰结构的具体形状和尺寸，表明装饰面的材料和工艺要求等。

3）表明室内设备、家具安放的位置以及与装饰布局的关系尺寸，表明设备及家具的数量、规格和要求。

4）表明各种房间的位置及功能，表明走道、楼梯、防火通道、安全门、防火门等人员流动空间的位置与尺寸。

5）表明各剖面图的剖切位置、详图和通用配件等的位置及编号。

6）表明门、窗的开启方向与位置尺寸。

7）表明各立面图的视图投影关系和视图位置编号。

8）表明台阶、水池、组景、踏步、雨篷、阳台及绿化设施的位置及关系尺寸。

9）标注图名和比例。此外整张图纸还有图标和会签栏，以作图纸的文件标志。

10）用文字说明图例和其他符号表达不足的内容。

（2）识读要点。

1）首先看图名、比例、标题栏，弄清是什么平面图。再看建筑平面基本结构及尺寸，把各个房间的名称、面积及门窗、走道等主要尺寸记住。

2）通过装饰面的文字说明，弄清施工图对材料规格、品种、色彩的要求，对工艺的要求。结合装饰面的面积，组织施工和安排用料。明确各装饰面的结构材料与饰面材料的衔接关系与固定方式。

3）确定尺寸。先要区分建筑尺寸与装饰装修尺寸，再在装饰装修尺寸中，分清定位尺寸、外形尺寸和结构尺寸（平面上的尺寸标注一般分布在图形的内外）。

4）识读平面布置图上的符号：①通过投影符号，明确投影面编号和投影方向，并进一步查出各投影方向的立面图；②通过剖切符号，明确剖切位置及其剖切方向，进一步查阅相应的剖面图；③通过索引符号，明确被索引部位和详图所在位置。

二、立面图

1. 立面图的绘制

（1）各种立面图应按正投影法绘制。

（2）建筑立面图应包括投影方向可见的建筑外轮廓线和墙面线脚、构配件、墙面做法及必要的尺寸和标高等。

（3）室内立面图应包括投影方向可见的室内轮廓线和装修构造、门窗、构配件、墙面做法、固定家具、灯具、必要的尺寸和标高及需要表达的非固定家具、灯具、装饰物件等（室内立面图的顶棚轮廓线，可根据具体情况只表达吊平顶或同时表达吊平顶及结构顶棚）。

（4）平面形状曲折的建筑物，可绘制展开立面图、展开室内立面图。圆形或多边形平面的建筑物，可分段展开绘制立面图、室内立面图，但均应在图名后加注“展开”二字。

（5）较简单的对称式建筑物或对称的构配件等，在不影响构造处理和施工的情况下，立面图可绘制一半，并在对称轴线处画对称符号。

（6）在建筑物立面图上，相同的门窗、阳台、外檐装修、构造做法等可在局部重点表示，绘出其完整图形，其余部分只画轮廓线。

（7）在建筑物立面图上，外墙表面分格线应表示清楚。应用文字说明各部位所用面材及色彩。

（8）有定位轴线的建筑物，宜根据两端定位轴线号编注立面图名称（如①～⑩立面图、Ⓐ～Ⓕ立面图）。无定位轴线的建筑物可按平面图各面的朝向确定名称。

（9）建筑物室内立面图的名称，应根据平面图中内视符号的编号或字母确定（如①立面图、Ⓐ立面图）。

2. 立面图的识读

通常装饰平面图、剖面图只能表达建筑物、建筑空间与建筑构件的内部图像与断面形状，尚不能表达其外部的完整形象。而依照三向视图原理以正投影来反映建筑物外观墙面或建筑内部墙面与物体的图像，这就是装饰立面图。它所表现的图像大多为可见轮廓线所构成的外视图像，不见或少见到它将伴随剖面或断面图像同时出现。

（1）基本内容。

1）表明装饰吊顶顶棚的高度尺寸、建筑楼层底面高度尺寸、装饰吊顶顶面的迭级造型互相关系尺寸。

2）在立面图中，以室内地面为零点标高，以此为基准点来标明其他建筑结构、装饰结构及配件的标高。

3）表明墙面装饰造型和式样，用文字说明所需装饰材料及工艺要求。

4）表明墙面所用设备的位置尺寸、规格尺寸。

5）表明墙面与吊顶的衔接收口方式。

6）表明建筑结构与装饰结构的连接方式、衔接方式、相关尺寸。

7）表示门、窗、隔墙、装饰隔断物等设施的高度尺寸和安装尺寸。

8）表明楼梯踏步的高度和扶手高度以及所用装饰材料及工艺要求。

9）表明绿化、组景设置的高低错落位置尺寸。

（2）识读要点。

1）明确建筑装饰装修立面图上与该工程有关的各部分尺寸和标高。

2）弄清地面标高，装饰立面图一般都以首层室内地坪为零，高出地面者以正号表示，反之则以负号表示。

3）弄清每个立面上有几种不同的装饰面，这些装饰面所用材料以及施工工艺要求。

4）立面上各不同材料饰面之间的衔接收口较多，要注意收口的方式、工艺和所用材料。

5）要注意电源开关、插座等设施的安装位置和方式。

6）弄清建筑结构与装饰结构之间的衔接，装饰结构之间的连接方法和固定方式，以便提前准备预埋件和紧固件。仔细阅读立面图中的文字说明。

（3）外视立面图。建筑装饰立面图就是以建筑外视立面图为主体，结合装饰设计的要求，补充了图示的内容。

外视立面图多见于对建筑物与建筑构件的外观表现，任何物体外形均用外视立面图来表现，它的使用范围很广泛。在建筑装饰装修工程中，外视立面图主要适用于室外装饰装修工程，其图示方法也适用于室内装饰立面图。

在三视图中外视立面图最富有感染力和空间存在感，任何人一看就能理解，用于建筑方案图上可以表现建筑造型和建筑效果。在建筑施工图中，建筑外视立面图表达了建筑外部做法，在建筑室外装饰装修工程施工图中表现了建筑装饰艺术。

三、剖面图

1. 剖面图的绘制

（1）剖面图的剖切部位，应根据图纸的用途或设计深度，在平面图上选择能反映全貌、构造特征以及有代表性的部位剖切。

（2）各种剖面图应按正投影法绘制。

（3）建筑剖面图内应包括剖切面和投影方向可见的建筑构造、构配件以及必要的尺寸、标高等。

（4）剖切符号可用阿拉伯数字、罗马数字或拉丁字母编号（图 1-32）。

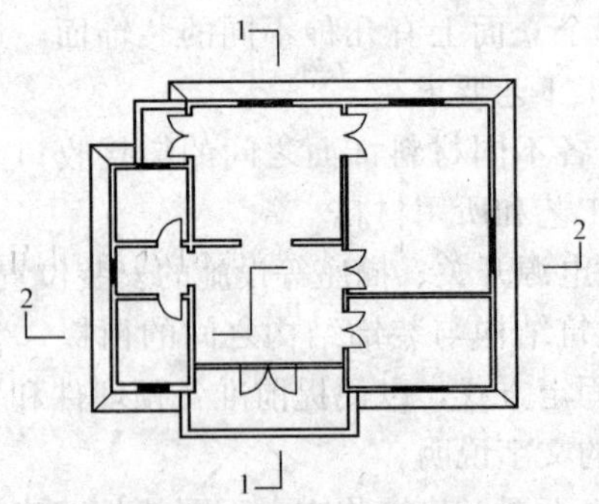

图 1-32　剖切符号在平面图上的画法

（5）画室内立面时，相应部位的墙体、楼地面的剖切面宜有所表示。必要时，占空间较大的设备管线、灯具等的剖切面，应在图纸上绘出。

2. 剖面图的识读

剖面图主要用于表达建筑物、建筑空间的竖向形象和装饰结构内部构造以及有关部件的相对关系，在建筑装饰装修工程中存在着极其密切的关联和控制作用。

(1) 基本内容。

1) 表示装饰面或装饰形体本身的结构形式、材料情况与主要支撑构件的相互关系。

2) 表现了内外墙、门窗洞、屋顶的形式，檐口做法，楼地面的设置，楼梯构造及室内外处理等。

3) 表示装饰结构与建筑结构之间的衔接尺寸与连接方式。

4) 表明剖切空间内可见实物的形状、大小与位置。

5) 表示装饰面上的设备安装方式或固定方法，以及装饰面与设备间的收口收边方式。

6) 表达建筑物、建筑空间及装饰结构的竖向尺寸及关系。

7) 表明图名、比例和被剖切墙体的定位轴线及其编号，以便与平面图对照阅读。

(2) 识读要点。

1) 看剖面图首先要弄清该图从何处剖切而来。分清是从平面图上，还是从立面图上剖切的。剖切面的编号或字母应与剖面图符号一致，了解该剖面的剖切位置与方向。

2) 通过对剖面图中所示内容的阅读研究，明确装饰装修工程各部位的构造方法、尺寸、材料要求与工艺要求。

3) 注意剖面图上索引符号，以便识读构件或节点详图。

4) 仔细阅读剖面图竖向数据及有关尺寸、文字说明。

5) 注意剖面图中各种材料的结合方式以及工艺要求。

6) 弄清剖面图中标注、比例。

四、详图

建筑装饰装修工程详图是补充平、立、剖面图的最为具体的图式手段。

建筑装饰施工平、立、剖三图主要是用以控制整个建筑物、建筑空间与装饰结构的原则性做法。但在建筑装饰全过程的具体实施中还存在着一定的限度，还必须加以深化和提供更为详细和具体的图示内容，建筑装饰的施工才能得以继续下去，以求得其竣工后的满意效果。这里所说的详图应包含“三详”：图形详；数据详；文字详。

1. 局部放大图

放大图就是把原状图放大而加以充实，并不是将原状图进行较大的变形。

（1）室内装饰平面局部放大图以建筑平面图为依据，按放大的比例图示出厅室的平面结构形式和形状大小、门窗设置等，对家具、卫生设备、电器设备、织物、摆设、绿化等平面布置表达清楚，同时还要标注出有关尺寸和文字说明等。

（2）室内装饰立面局部放大图是重点表现墙面的设计，先图示出厅室围护结构的构造形式，再对墙面上的附加物以及靠墙的家具都详细地表现出来，同时标注有关详细尺寸、图示符号和文字说明等。

2. 建筑装饰件详图

建筑装饰件项目很多，如暖气罩、吊灯、吸顶灯、壁灯、空调箱孔、送风口、回风口等。这些装饰件都可能要依据设计意图画出详图。其内容主要是表明它在建筑物上的准确位置、与建筑物其他构配件的衔接关系、装饰件自身构造及所用材料等内容。

建筑装饰件的图示法要视其细部构造的繁简程度和表达的范围而定。有的只要一个剖面详图就行，有的还需要另加平面详图或立面详图来表示，有的还需要同时用平、立、剖面详图来表现。对于复杂的装饰件，除本身的平、立、剖面图外，还需增加节点详图才能表达清楚。

3. 节点详图

节点详图是将两个或多个装饰面的交汇点，按垂直或水平方向切开，并加以放大绘出的视图。

节点详图主要是表明某些构件、配件局部的详细尺寸、做法及施工要求；表明装饰结构与建筑结构之间详细的衔接尺寸与连接形式；表明装饰面之间的对接方式及装饰面上的设备安装方式和固定方法。

节点详图是详图中的详图。识读节点详图一定要弄清该图从何处剖切而来，同时注意剖切方向和视图的投影方向，对节点图中各种材料结合方式以及工艺要求要十分清楚。

第二章　金属装饰材料

第一节　建筑装饰钢材制品

装饰装修用钢材制品分为：装饰用不锈钢、彩色钢板、彩色涂层钢板、彩色压型钢板（彩色涂层压型钢板）、搪瓷装饰板和轻钢龙骨等。

一、装饰用不锈钢

建筑装饰用不锈钢制品主要是薄钢板，以厚度小于2 mm的居多。其规格见表 2-1。

（1）主要特性：耐腐蚀，经不同的表面加工，形成不同的光泽度和反射性。高级抛光不锈钢表面光泽度具有与玻璃相同的反射能力。

（2）用途：屋面、幕墙、门、窗、内外墙饰面，栏杆扶手，壁画、装饰画边框，护栏，不锈钢柱等。

二、彩色涂层钢板

彩色涂层钢板分有机涂层、无机涂层和复合涂层三种。其结构如图 2-1 所示。

（1）主要特性：有一定耐污性、耐热性、耐沸水性能以及耐低温性能。其耐热性：120 ℃烘 90 h 无明显变形；耐低温性：—54 ℃，24 h后涂层弯曲冲击性能无明显变化。

（2）用途：外墙板、屋面板、护墙板拱复系统、瓦楞板、大型车间的壁板屋顶、制造建筑门窗等。

表 2-1　装饰用不锈钢薄钢板参考规格

钢板厚度 /mm	钢板宽度 /mm									备　注
	500	600	700	750	800	850	900	950	1 000	
	钢板长度 /mm									
0.35、0.4、		1 200		1 000						
0.45、0.5、	1 000	1 500	1 000	1 500	1 500		1 500	1 500		
0.55、0.6、	1 500	1 800	1 420	1 800	1 600	1 700	1 800	1 900	1 500	
0.7、0.75	2 000	2 000	2 000	2 000	2 000	2 000	2 000	2 000	2 000	
0.8、0.9				1 500	1 500	1 500	1 500	1 500		热轧钢板
	1 000	1 200	1 400	1 800	1 600	1 700	1 800	1 900	1 500	
	1 500	1 420	2 000	2 000	2 000	2 000	2 000	2 000	2 000	
1.0、1.1、				1 000			1 000			
1.2、1.25、	1 000	1 200	1 000	1 500	1 500	1 500	1 500	1 500		
1.4、1.5、	1 500	1 420	1 420	1 800	1 600	1 700	1 800	1 900	1 500	
1.6、1.8	2 000	2 000	2 000	2 000	2 000	2 000	2 000	2 000	2 000	

续表

钢板厚度/mm	钢板宽度/mm									备注
	500	600	700	750	800	850	900	950	1 000	
	钢板长度/mm									
0.2、0.25、0.3、0.4	1 200 1 800 2 000	1 420 1 800 2 000	1 500 1 800 2 000	1 500 1 800 2 000	1 500 1 800 2 000	1 500 2 000		1 500 2 000		冷轧钢板
0.5、0.55、0.6	1 000 1 500	1 200 1 800 2 000	1 420 1 800 2 000	1 500 1 800 2 000	1 500 1 800 2 000	1 500 1 800 2 000	1 500 2 000		1 500 2 000	
0.7、0.75	1 000 1 500	1 200 1 800 2 000	1 420 1 800 2 000	1 500 1 800 2 000	1 500 1 800 2 000	1 500 1 800 2 000	1 500 2 000		1 500 2 000	
0.8、0.9	1 000 1 500	1 200 1 800 2 000	1 420 1 800 2 000	1 500 1 800 2 000	1 500 1 800 2 000	1 500 1 800 2 000	1 500 2 000		1 500 2 000	
1.0、1.1、1.2、1.4、1.5、1.6、1.8、2.0	1 000 1 500 2 000	1 200 1 800 2 000	1 420 1 800 2 000	1 500 1 800 2 000	1 500 1 800 2 000	1 500 1 800 2 000	1 500 2 000		2 000	

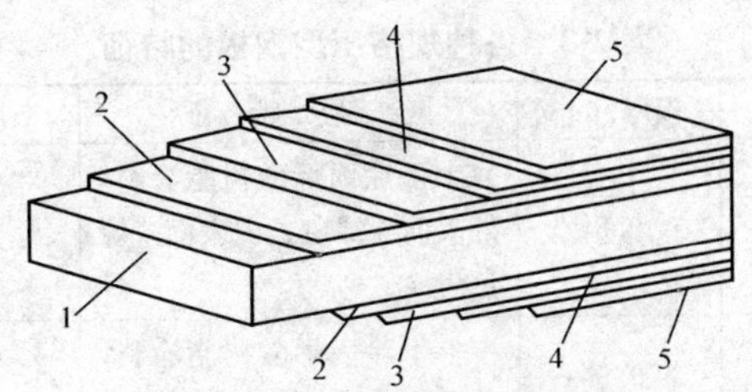

图 2-1　彩色涂层钢板的结构

1—冷轧板；2—镀锌层；3—化学转化层；4—初涂层；5—精涂层

三、彩色压型钢板（彩色涂层压型钢板）

以镀锌钢板为基材，经成形机轧制，并涂敷各种涂层与彩色烤漆，制成纵横面呈“V”或“U”形及其他类型的轻型围护结构材料。如图 2-2 所示。规格及特征见表 2-2、表 2-3。

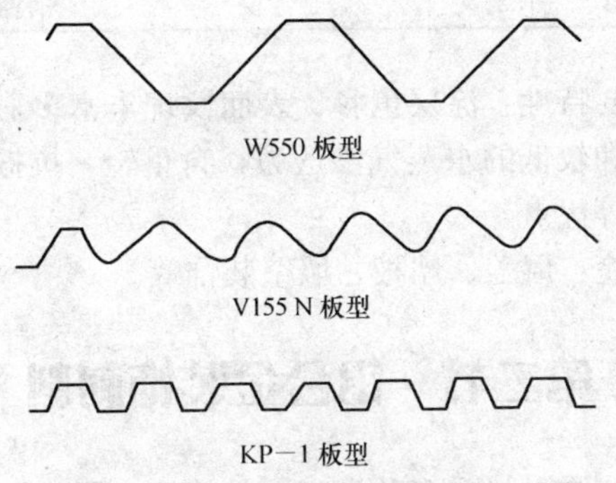

图 2-2　压型钢板的板型

表 2-2　压型钢板的规格

压型钢板规格	板宽/mm	板厚/mm	波高/mm	波距/mm
W550	550	0.8	130	275
V115N	677	0.5～0.6	35	115
KP－1	650	1.2	25	90

表 2-3　各种规格压型钢板的特征

材料名称	板厚/mm	涂层特征	应用部位
C. G. S. S	0.8	上下涂丙烯酸树脂涂料，外表面深绿色、内表面淡绿色烤漆	屋面 W550 板
C. G. S. S	0.5 0.6	上下涂丙烯酸树脂涂料，外表面深绿色、内表面淡绿色烤漆	墙面 V115 N 板
C. A. A. S. S	0.5	化合处理层加高性能结合层、加石棉绝缘层、加合成树脂层、两面彩色烤漆	屋脊、屋面与墙壁接头异形板
强化 C. G. S. S	0.8	在 C. G. S. S 涂层中加玻璃纤维，两面彩色烤漆	特殊屋面墙面
镀锌板 KP—1	1.2	锌合金涂层	特殊辅助建筑用板

(1) 主要特性：涂层色彩、表面纹理丰富多彩，具有良好的防腐蚀性和较低的水蒸气渗透力，自重轻，抗振好，耐久性强，易施工等优点。

(2) 用途：屋盖、墙板、墙壁装饰等。

第二节　铝合金装饰材料

铝合金装饰材料有多种类型，其特性及用途见表 2-4。

表 2-4　铝合金装饰材料的特性及用途

序号	类型	特性及用途
1	铝合金型材	(1) 特性：质量轻，刚度高，耐腐蚀，色调美观，可工业化生产； (2) 用途：用于制作门窗、吊顶、隔墙龙骨、幕墙

续表

序号	类　型	特　性　及　用　途
2	铝合金装饰板	（1）特性：轻质、不燃、耐久、施工方便、装饰效果好； （2）用途：可用于内外墙面、柱面的装饰
3	铝合金花纹板	防锈铝合金坯料，冷轧花纹板。用于墙面、楼梯、踏板等处
4	铝质浅花纹板	以冷作硬化后的铝材基础表面做浅花纹处理的装饰板。花纹别致，色泽美观，比普通铝板刚度提高20%。抗污、抗擦伤性能均有提高。具有立体图案和美丽色彩，对光反射率为75%～95%（白光），耐腐蚀性好，有不同色彩的浅花纹
5	铝合金压型板	用于墙面、屋面
6	铝合金穿孔板	为降噪声装饰板材，在有消声要求的各类建筑中使用
7	搪瓷铝合金建筑装饰制品	搪涂一层玻璃质层，为高档装饰材料
8	专用铝合金建筑装饰制品	栏杆、扶手、屏幕、格栅、遮阳帘等
9	单层铝板	按一定尺寸、形状和结构形式加工，对其表面进行静电液体喷涂、氟碳树脂涂饰处理的一种装饰材料
10	铝塑复合板（三层复合）	上、下层为高强度铝合金板，中间层芯板为低密度PVC或PE泡沫板，经高温高压制成的装饰板，表面喷涂氟碳树脂。常用于建筑幕墙、门厅、门面、包柱、壁板、吊顶、展台等处

第三节　铜及铜合金制品

铜是我国历史上使用较早、用途较广的一种有色金属。在古建筑装饰中，铜是一种高档的装饰材料，多用于宫廷、寺庙、纪念性建筑以及商店招牌等。在现代建筑中，铜仍是高级装饰材料，用于高级宾馆、商厦装饰可使建筑物显得光彩夺目。

一、铜

铜属于有色重金属，密度为8.92 g/cm^3。纯铜由于表面氧化生成的氧化铜薄膜呈紫红色，故常称紫铜。纯铜具有较高的导电性、导热性、耐蚀性及良好的延展性、塑性，可碾压成极薄的板（紫铜片），拉成很细的丝（铜钱材），它既是一种古老的建筑材料，又是一种良好的导电材料。

我国的纯铜产品分为两类：一类属冶炼产品，包括铜锭、铜线锭和电解铜；另一类属加工产品，是指铜锭经过加工变形后获得的各种形状的纯铜材。两类产品的牌号、代号、成分、用途见表2-5。

表2-5　纯铜的牌号、代号、成分及用途　　%

牌号	代号		含铜量≥	杂质含量≤				用途举例
	冶炼	加工		铋	铅	氧	总和	
一号铜	Cu—1	T1	99.95	0.002	0.005	0.02	0.05	导电材料
二号铜	Cu—2	T2	99.90	0.002	0.005	0.06	0.10	导电材料
三号铜	Cu—3	T3	99.70	0.002	0.010	0.10	0.30	一般用铜材
四号铜	Cu—4	T4	99.50	0.003	0.050	0.10	0.50	一般用铜材

在现代建筑装饰中，铜材仍是一种集古朴和华贵于一身的高级装饰材料，可用于宾馆、饭店、机关等建筑中的楼梯扶

手、栏杆、防滑条等。有的西方建筑用铜包柱，可使建筑物光彩照人、美观雅致、光亮耐久，并烘托出华丽、高雅的氛围。除此之外，还可用于制作外墙板、执手、门锁、纱窗。在卫生器具、五金配件方面，铜材也有着广泛的应用。

二、铜合金

纯铜由于强度不高，不宜制作成结构材料，由于纯铜的价格较高，工程中更广泛使用的是铜合金（即在铜中掺入锌、锡等元素形成的铜合金）。铜合金既保持了铜的良好塑性和高抗蚀性，又改善了纯铜的强度、硬度等机械性能。

常用的铜合金有黄铜（铜锌合金）、青铜（铜锡合金）等。

1. 黄铜

以铜、锌为主要合金元素的铜合金称为黄铜。黄铜分为普通黄铜和特殊黄铜。铜中只加入锌元素时，称为普通黄铜。普通黄铜不仅有良好的力学性能、耐腐蚀性能和工艺性能，而且价格也比纯铜便宜。为了进一步改善普通黄铜的力学性能和提高其耐腐蚀性能，可再加入Pb、Mn、Sn、Al等合金元素而配成特殊黄铜。如加入铅可改善普通黄铜的切削加工性和提高耐磨性；加入铝可提高强度、硬度、耐腐蚀性能等。

普通黄铜的牌号用“H”（“黄”字的汉语拼音字首）加数字来表示，数字代表平均含铜量，含锌量不标出，如H62；特殊黄铜则在“H”之后标注主加元素的化学符号，并在其后表明铜及合金元素含量的百分数，如HPb59～1；如果是铸造黄铜，牌号中还应加“Z”字，如ZHAl167～2.5。

2. 青铜

以铜和锡作为主要成分的合金称为锡青铜。锡青铜具有良好的强度、硬度、耐蚀性和铸造性。

青铜的牌号以字母“Q”（“青”字的汉语拼音字首）表示，后面第一个是主加元素符号，之后是除了铜以外的各元素的百分含量，如 QSn4～3。如果是铸造的青铜，牌号中还应加“Z”字，如 ZQAl9～4 等。

三、铜合金装饰制品

铜合金经挤制或压制可形成不同横断面形状的型材，有空心型材和实心型材。

铜合金型材也具有铝合金型材类似的优点，可用于门窗的制作。以铜合金型材做骨架，以吸热玻璃、热反射玻璃、中空玻璃等为立面形成的玻璃幕墙，一改传统外墙的单一面貌，可使建筑物乃至城市生辉。另外，利用铜合金板材制成铜合金压型板应用于建筑物外墙装饰，同样可使建筑物金碧辉煌、光亮耐久。

铜合金装饰制品的另一特点是其具有金色感，常替代稀有的、价值昂贵的金在建筑装饰中作为点缀使用。

古希腊的宗教及宫殿建筑较多地采用金、铜等进行装饰、雕塑；具有传奇色彩的帕提农神庙大门为铜质镀金；古罗马的雄师凯旋门、图拉真骑马座像都有青铜的雕饰；中国盛唐时期，宫殿建筑多以金、铜来装饰。人们认为以铜或金来装饰的建筑是高贵和权势的象征。

在现代建筑装饰中，显耀的厅门配以铜质的把手、门锁，变幻莫测的螺旋式楼梯扶手栏杆选用铜质管材，踏步上附有铜质防滑条，浴缸龙头、坐便器开关、淋浴器配件，各种灯具、家具采用的制作精致、色泽光亮的铜合金，无疑会在原有豪华、高贵的氛围中增添装饰的艺术性，使其装饰效果得以淋漓尽致的发挥。

铜合金的另一应用是铜粉（俗称“金粉”），是一种由铜合金制成的金色颜料。主要成分为铜及少量的锌、铝、锡等金属。常用于调制装饰涂料，可代替“贴金”。

第四节　金属连接材料

一、金属胀管

金属胀管即金属膨胀螺栓，又叫胀铆螺栓、胀锚螺栓，由锥形螺栓头、膨胀套管、平垫圈、弹簧垫圈和六角螺母组成。其普通钢制产品除弹簧垫圈外均经镀锌处理，此外还有不锈钢产品。

金属胀管用于将装饰工程的构件或连接件紧固于混凝土或砖、石砌体基体上。

胀管在使用时，先用冲击钻或电锤在基体上钻相应尺寸的孔，将螺栓与膨胀套管插入孔内，套管外端与孔口齐平，再安装被紧固件，套上平垫圈、弹簧垫圈，旋紧螺母，使被紧固件与建筑结构体密切连接。如果紧固位置点处于混凝土结构体的边缘部位，应注意紧固点距基体边缘的最小距离尺寸为螺栓直径的 2 倍。

二、自攻螺钉

自攻螺钉或称自攻螺丝、快牙螺丝，为钢制经表面镀锌钝化的快装紧固件。按其钉头开槽形式分，有十字槽自攻螺钉、一字槽自攻螺钉；十字槽槽形又分为 H 型和 Z 型两种。十字槽自攻螺钉和开槽（一字形）自攻螺钉，分别有盘头（平圆头）、沉头（平头）、半沉头（圆平头）等不同的钉头形状。在开槽自攻螺钉中，尚有六角头自攻螺钉品种，头部为六角形，使用时不用改锥而采用扳手，可产生较大扭力。

自攻螺钉较广泛应用于薄金属（铝、铜、低碳钢等）制件与金属主体构件之间的紧固连接，亦可用于木质制件及各种新型板材（如纸面石膏板、纤维水泥加压板等）与木质或金属主体构件之间的固结。螺钉本身具有较高的硬度，只需事先在主体制件上钻一相应的引导孔，即可将其旋入主体制件之中。

三、抽芯铆钉

抽芯铆钉为单面铆接的紧固件，具有机械强度高、使用方便、效率高、噪声低、铆接牢固等特点。装饰工程中用于薄壁铝合金构件、薄质零配件及薄型板材的铆固。

1. 封闭型扁圆头抽芯铆钉

封闭型扁圆头抽芯铆钉，即抽芯铝铆钉 F1 型。铆固操作时，要与专用工具手动拉铆枪、电动或气动拉铆枪配合使用。先在被铆接件上制成相应规格的通孔，即将铆钉钉体杆部插入，拉铆枪夹持钉芯进行拉铆，钉芯在拉力作用下，使钉体杆部另一端头变形，成为铆接头，当拉力达到一定数值时，钉芯在环槽部位断裂，钉芯残余部分被拉出钉体，即完成铆接紧固。封闭型抽芯铆钉铆合后有较好的密封性能。

2. 封闭型沉头抽芯铆钉

封闭型沉头抽芯铆钉，即 F2 型抽芯铆钉。封闭型沉头抽芯铆钉的使用，与封闭型扁圆头抽芯铆钉基本相同，但由于是沉头，在被铆件的正面应先制成相应规格的沉头孔，铆接后钉身头部与被铆接件表面齐平。

3. 开口型沉头抽芯铆钉

开口型沉头抽芯铆钉，即抽芯铝铆钉 K2 型。开口型沉头抽芯铆钉的使用，与封闭型沉头抽芯铆钉的使用方法基本相同。但由于是开口型，钉体两端是相通的，而且铆接后钉芯镦大的头部露在铆接头外，为此开口型抽芯铆钉只适宜于不要求密封性能的施工。

4. 开口型扁圆头抽芯铆钉

开口型扁圆头抽芯铆钉，即 K1 型抽芯铝铆钉。开口型扁圆头抽芯铆钉的使用，与上述开口型扁圆头抽芯铆钉的使用方法相同。

四、射钉

射钉的钉体以优质钢材通过特殊加工制成，具有高强度、高硬度和良好的韧性及抗腐蚀性能。在−10 ℃至200 ℃时，其抗拉强度在2 000 MPa左右无变化；抗剪强度约为1 100～1 200 MPa，抗冲击韧性一般不小于300 N·m/cm^2；钉体弯曲90°～120°不断裂。

射钉分为一般射钉、高速枪射钉、螺纹射钉和特殊射钉等数种。除高速枪射钉外，射钉多配有塑料或金属垫圈，在射钉操作时，垫圈可起到定位和导向作用。

射钉的产品型号、代号、规格及配件种类很多，选用时可根据基层需要同射钉弹、射钉枪等相配套。

五、螺栓

广泛应用于结构构件连接固定的金属螺栓，按其材质可分为普通钢制螺栓及不锈钢螺栓。按螺栓的形式及其应用技术，可分为六角头螺栓、方头螺栓、大半圆头方颈螺栓，以及双头螺栓和地脚螺栓等；根据公差产品的精度等级，可分为C级、A级和B级；其螺纹也有粗牙和细牙、全螺纹和部分螺纹之别；按螺杆直径尺寸，又分为一般螺杆螺栓和细杆螺栓。

1. 六角头螺栓

(1) C级六角头螺栓：即粗制六角头螺栓，或称毛六角螺栓、毛螺栓、黑铁螺栓，主要用于表面比较粗糙、对精度要求不高的钢、木结构构件以及设备等的连接固定。

(2) A级和B级及细杆六角头螺栓：即精制六角头螺栓，或称光六角头螺栓，主要用于表面光洁、对精度要求较高的结构或设备上。

(3) A级和B级细牙六角头螺栓：即精制细牙六角头螺栓，或称细牙光六角头螺栓，其自锁性能较好，主要适应于薄壁构件或承受交变载荷、振动和冲击的构（配）件上；还可适用于需要微调效果的部位。

2. 镀锌半圆头螺栓

镀锌半圆头螺栓或称镀锌螺栓、镀锌对销螺栓、白铅螺丝。其头部较薄，带有一字形槽，表面经镀锌钝化，防锈能力较强。一般连同其方扁螺母一并供应。此种螺栓可以用于潮湿或露天场所的结构构件连接。

3. 螺母

与螺栓（或螺钉）相配套的金属螺母，主要有六角螺母、方螺母，以及专用的蝶形螺母和圆螺母等，其中使用最为普遍的是六角螺母。同上述六角头螺栓相对应，C级螺母为粗牙螺母，用于表面较粗糙、对精度要求不高的结构或设备上。A级（适用于螺纹公称直径 $D\leqslant 16$ mm）和B级（适用于 $D>16$ mm）螺母，用于表面较光洁、对精度要求较高的结构构件或设备上。1型六角螺母较薄，2型六角螺母较厚；此外尚有六角薄螺母，多用于被连接件表面空间受限制的部位，也常用作防止主螺母回松的锁定螺母。另有六角开槽螺母，是专门与螺杆末端带孔的螺栓相配合，为了便于将开口销从螺母的槽中插入螺杆孔中，防止螺母自动回松，以适应某些需要承受振动载荷或交变载荷的部位及场所。

各种细牙普通螺纹的六角螺母，必须配合细牙六角头螺栓使用，用于薄壁构配件或承受交变载荷、振动载荷及冲击载荷的零件上。

六、水泥钢钉

水泥钢钉或称特种钢钉、高强水泥钢钉、镀锌水泥钉。钉杆较粗，材料为优质中碳钢，具有较高的硬度、强度和韧性。可将其打入混凝土、水泥砂浆层、坚实的砖和砌块砌体及薄钢板，用以固结工程中使用的一些附件、连接件或轻型吊顶的金属边龙骨等。

水泥钢钉在使用时，操作人员应戴防护眼镜；为防止在敲钉时钉件飞出，宜用钳子夹住水泥钉；水泥钢钉钉入基体深度应≥10～15 mm。对于较坚硬的混凝土基体，宜先钻一小孔，孔深约为钉入深度的1/3，然后再钉入水泥钉。

七、圆钉

圆钉或称圆钢钉、钢钉、铁钉，按钉杆直径分，有重型（代号z）、标准型（代号b）和轻型（代号q）；按钉帽外观分，有菱形方格帽（代号g）和平帽（代号p）。

圆钉在使用时，其钉杆直径不宜超过薄板厚度的1/6，否则容易造成板材开裂；在钉杆直径大于6 mm时，任何木质板材均应预先钻孔。对于硬质木构件的钻孔孔径应为钉杆直径的80%～90%，孔深不小于钉入深度的60%。

第三章　金属工常用施工机具

第一节　锯（切、割、截、剪）断机具

一、锯类电动机具

锯类电动机具可分为电圆锯、转台式斜断锯、往复锯和曲线锯等，是利用锯片、锯条对材料进行锯断达到加工要求。

（一）电圆锯

电圆锯是对木材、纤维板、塑料和软电缆等进行切割的工具，具有自身轻，效率高，携带、移动方便等优点。

1. 构造与原理

电圆锯由电机、锯片、锯片高度定位装置、保护装置（罩）、调节底板等构成。切割不同的材料，可以选择不同的锯片。切割的角度和深度通过调节底板来控制。其工作原理是：电机转动通过壳内的齿轮变速使转轴获得动力，带动锯片工作。

2. 电圆锯及锯片的选用

电圆锯的选用应根据所锯割的材料的厚度来确定，使用符合最大锯深允许范围内的电圆锯。同时要考虑避免电锯长期在满负荷情况下运转，否则容易烧坏电机。当电锯锯割潮湿材料时，应选择带有撑开刀片的圆锯，以防止反冲、回弹和夹锯。切割较薄型材料如三合板、纤维板时，宜选择较小机型的圆锯；而切割厚度尺寸较大的材料时，应以深度尺放到最大所能锯入深度确定，确保材料能一次锯透。在潮湿环境条件或交叉作业时，最好选用带有“回”标志的双重绝缘的机型，确保人

身绝对安全。

锯片的选择要根据电圆锯的型号规格和锯割材料的材质、尺寸及有关要求来选择。不同的锯片有不同的特点。

(1) 两用锯片（又叫通用锯片）：齿形大小、角度、齿距适中，锯割速度较快，可用于横断或纵解木料，只是切割面较粗糙。

(2) 波浪形锯片：齿形较小，平滑呈波浪形，专用于切割薄形材料，尤其适用于塑料、胶合板的切割，其锯口比较平滑。

(3) 纵解锯片：锯齿角度与两用锯片相似，齿形、齿距较大，以加大加工木屑和锯缝，从而减少夹锯现象，专用于顺木纹纵向快锯木料。

(4) 横断锯片：锯齿角度比两用锯片大，齿形、齿距与两用锯片相近，专用于横断木料，且切面较光滑。

(5) 凿齿两用锯片：齿距大，角度与两用锯片相似，齿根部呈圆弧形，便于排木屑，专用于粗、厚材料和圆木的粗加工。

(6) 尖端用锯片：齿形与两用锯片相似，但齿根部及外圆经热处理硬度较高，适用于加工石膏板、水泥板、塑料板等较硬的材料。

(7) 侧齿圆锯片：多用硬质合金镶齿用焊接方法制成，ATB齿形，其优点是切削效果好，工作寿命长，锯切过程平稳，刀齿可以重磨，可用于较硬木料、层压板及镶板的切割加工。

3. 操作要点

(1) 使用电锯时，工件要夹紧，防止切割时滑动甩脱伤人，锯片吃入工件前就应启动电锯，转动正常后按画线下锯。锯割过程中，改变锯割方向，可能会产生卡锯片现象和阻塞，甚至损坏锯片，所以切割过程中确需改变方向时，只宜轻度拐弯。

（2）切割不同的材料应采用不同的锯片，不得用一种锯片切割任何材料，更换材料时，最好更换据片；

（3）要保持右手紧握电据，左手离开，电缆应避开锯片，以免妨碍操作和锯破电缆漏电。

（4）锯割快结束时，要强力握住电锯，以免发生倾斜和翻倒，锯片没有完全停止转动前，手不得靠近锯片。

（5）更换锯片时，要将锯片转至正确方向（锯片上右箭头表示）。使用锋利锯片，可提高工效，也可避免钝锯片长时摩擦而引起危险。

（二）曲线锯

为了达到理想的切割效果以及提高施工速度，在装饰材料或半成品上进行曲线切割在装饰施工操作中是不可避免的。装饰施工中经常使用曲线锯。

1. 构造与原理

曲线锯主要由电机、变速箱、曲柄滑块与平衡机构、夹具、锯片、手柄等组成。其工作原理是：电机经变速带动曲柄滚针轴承在滑块内作前后自由滑动，滑块与一导杆联成一体，导杆的下端装有装夹锯片的导套，锯片的锯齿向上，故向上运动时锯割工件，向下运动时为空运行。平衡机构的作用是减少曲柄、滑块机构产生的振动，其运动方向与曲柄滑块机械的运动方向相反。

2. 操作要点

（1）作好工前检查，检查电源是否符合要求，检查机具各部位是否灵活，开关是否完好，确认机具有效后方可接通电源。

（2）先将曲线锯底板紧贴在工件表面，若工件太薄，可用废料夹紧工件以加厚工件，按下开关后待锯片达到全速后靠近工件，然后均匀平稳地向前推进。

（3）在工件中间锯割曲线时，先用钻钻一个孔，以便锯片插入，锯割过薄板料发现工件有反跳时，是锯片齿距过大的缘故，应更换细齿锯片后再锯割。

（4）使用导尺可以确保更高的精确度，如圆形导件可准确切割圆弧线。

（5）切割斜面时应在操作前拧松底板调节螺丝，使底部旋转，当底板转到所需角度时再拧紧调节螺丝，紧固底板。

（6）切割过程中，不可将锯片任意提起，如遇异常情况，先切断电源再进行处理。为确保切割的线条平滑，不宜把锯从所切割的锯缝中拿开。

（7）锯片磨损变钝应及时更换，锯片的拆换方法：拔下电源插头，用内六角扳手拧松定位环上的锯片固定螺丝，将原锯片拆下拿开，将新锯片锯齿朝前，尾部插入锯片装夹装置内，再把前面和侧面的固定螺丝拧紧即可。

（三）往复锯

往复锯是装饰作业中用来切割材料的一种小型机具，木材、金属材料、塑料制品、石棉水泥制品等都可以用往复锯切割，尤其是已安装好的装饰面上，需要锯掉多余部分、开洞（如电盒、风口等）等，因场地狭窄，操作不便，用往复锯就可显示出其优越性。但往复锯加工精度较差。

1. 构造与原理

往复锯主要由电机、减速箱、截柱凸轮机构、滑杆、可调式插座、锯条、手柄、外壳等组成。其工作原理是：电机通过一级减速轮带动截柱凸轮旋转，在凸轮和摆杆的作用下，形成滑杆的往复运动，滑杆带动锯条作来回运动从而达到切割的目的。锯条往复的行程取决于截柱凸轮的直径和凸轮的斜面与其垂直的夹角。往复锯采用的是高速小行程进行的锯割。

2. 操作要点

(1) 根据工件厚度、加工空间调整滑杆的行程。具体用底座两个螺栓进行。

(2) 作好电源、开关灵活性、锯条安装等工前检查，确认可靠后方可开机。

(3) 开锯时，双手要紧握机具，刀架紧靠在工件上，不得留有空隙。

(4) 锯条达到全速时，开始锯割，开始时应慢慢向前推送锯条，用力要均匀。

(5) 切割金属材料应使用冷却剂，以免锯条过热。

(6) 钝锯条或破损的锯条不宜使用，以免电机过热，所以对不宜使用的锯条应及时更换。更换锯条的方法：切断电源，用内六角扳手拧开螺栓，拆下原锯条，将新锯条刀刃朝上或朝下插入并使其孔眼对准滑杆上的突出部分，然后拧紧螺栓固定据条。

(7) 锯片调整：切割一定时间后锯片直径变小，需适当调低锯片。调整方法为：用套筒扳手旋转调整螺栓，逆时针转动锯片，降低标准为将手柄完全放下时导板前面的锯片进入切缝部分的距离为最大锯宽。

(8) 手柄灵活性的调整：使用一段时间后，如果刀片盖和刀臂连接处松动，可用一个扳手固定住螺栓，另一个扳手拧紧六角防松螺母，调整好六角防松螺母后，要保持手柄可以往任何位置恢复到最初抬起的位置上，不能过松或过紧。过松锯割准确度就差，过紧把手上下移动费力，增加机具的磨损。

(9) 锯片的拆装：拆卸锯片时，先松开最低位置的手柄，按动轴的锁定位置，使锯片不能转动。再用套筒扳手松开六角螺母并取下，再取下法兰盘和锯片，然后将新锯片安装在中轴上，确认刀片表面上的箭头方向与刀片盖上的箭头一致后装上外法兰盘，拧上六角螺母，然后按住轴锁，用套筒扳手逆时针拧紧六角螺母，再顺时针调整螺栓，紧扣中心盖。

（10）转台上的直角调整：拧松把手并松开导板上的四个六角螺栓，用三角板或直角尺使其一边靠紧锯片，移动导板使其靠紧另一边，然后依次拧紧导板上的螺栓。

3. 安全操作规程

（1）操作前，要仔细检查机具的安全保护装置是否完好，发现安全装置不完善应予修复。

（2）开机前必须仔细查看锯片有无裂纹、破损或变形，主轴锁定装置是否处于非锁定状态。

（3）工件锯割部位是否有铁钉等坚硬物品，如有应取下，以免破坏锯片或飞出伤人。

（4）切割小工件时，必须将工件固定牢固，不要切割锯的规格元件允许尺寸范围以外的工件。

（5）锯割时，双手一定要紧握机具，而且双脚应很稳，绝不许把手松开让锯自行锯割。

（6）锯片转动前，必须远离工件，达到全速后方可缓慢移近工件开始工作。

（7）发现异常声响，应立即停机检查，拔下电源后方可维修，严禁带电修理机具。

（8）金属材料的切割必须使用冷却剂。

（9）锯割墙壁、顶棚、地板上已固定好的部位时，要查明所遮盖部分是否有通电电缆电线，如有应采取相应的措施，操作时，双手应抓在机具的绝缘把手上。

（10）工作完毕后，先关机具的开关，停机后方可将锯条移离工件，刚停下的机具，不得用手去触摸锯条和加工工件，以免引起烫伤。

4. 维护与保养

（1）每次使用完后，对机具进行擦拭，清除沟槽和零件间隙间的杂物。

（2）用完后的机具应存放在固定的机架上，避免挤压碰撞使零部件变形、损坏。

（3）暂时不用时，将据片取下后应存放在安全干燥的地方架好，以防变形和断裂。

（4）转动部位应经常加注润滑油，以保持其灵活。

（5）定期检查、更换电机的碳刷，一般当其磨损到5～6 mm时更换。

（6）定期检查机具的绝缘情况，防止漏电，在潮湿环境下作业时，要定期对电机进行干燥处理。

（四）转台式斜断锯

1. 构造与原理

转台式斜断锯主要由电机、携带柄、锯片、安全罩、支撑臂、夹紧、固定系统、转动台、导板、调整板、工件托、变角度把手、指针、集尘袋等组成。其工作原理是：电机经过罩壳内的齿轮变速带动锯片的锯割运动。携带柄是起携带作用的，当机具需要转移时，放下开关把柄，按下制动栓，用夹紧把手旋转基座扣紧，钩上防护链，握住携带柄，就可以把机具拿走。刀片盖和安全罩是起保护锯片和操作者安全作用的。放下手柄，安全罩自动回收，锯割完毕后，抬起手柄，安全罩就会恢复原来位置。集尘袋起收集灰尘的作用，它连接在通过插入刀片盖上的锯屑喷口里的弯头上。随着锯片的旋转，切割下来的碎屑就被集尘袋收集起来。当收集到袋满时，要打开排灰门，倒尽集尘袋内的碎屑，并轻轻拍打，清除沾在内壁的尘屑。夹紧螺杆、虎钳夹和螺杆是用来夹紧工件的。根据需锯割工件的厚度与形状，调整虎钳的位置，拧紧夹紧螺杆固定虎钳，就把工件固定住了。把手是起调整转台作用的，拧松把手转动台可以在 0°～45°的角度内旋转，选定切割所需的角度，在任意位置拧紧把手，转动台就可以固定，工件托是用来支撑工件的。

2. 操作要点

（1）新购置的斜断锯如切口铺上未切下槽口，应慢慢降下锯片，在切口铺上切下一条槽口。

（2）用四个地脚螺栓把斜断锯固定在水平稳定的台面上。

（3）操作前应进行以下检查：

1）锯法是否符合要求，有无断裂、变形，锯片锁紧螺栓是否紧固；

2）刀片盖是否紧固无松动，安全罩是否转动灵活；

3）电源是否与机具铭牌标示相符，电源开关是否灵活；

4）电机运转是否正常，有无漏电及异常声响。

（4）按所需角度调整好转动台，固定好所需锯割的工件，锯割线对在锯片的左或右。

（5）接通电源，右手握住手柄，按动开关，使锯片旋转，等锯片达到最高转速时慢慢放下手柄，锯片接触工件后逐渐向下施压进行锯割，切断后关上开关，锯片停止转动后将手柄抬回到原来的最高位置。

二、型材切割机

型材切割机通常又叫无齿锯，主要用于钢管、角钢、槽钢、扁钢、合金、铜材、不锈钢等金属的横断切割，是装饰金属工施工作业的必备工具。

1. 构造与原理

型材切割机由电机、底座、可转夹钳、切割动力头、安全防护罩、操作手柄等组成，如图 3-1 所示。其工作原理是：电机转动经齿轮变速直接带动切割片高速转动，利用切割砂轮磨削原理，在砂轮与工件接触处高速旋转实现切割。

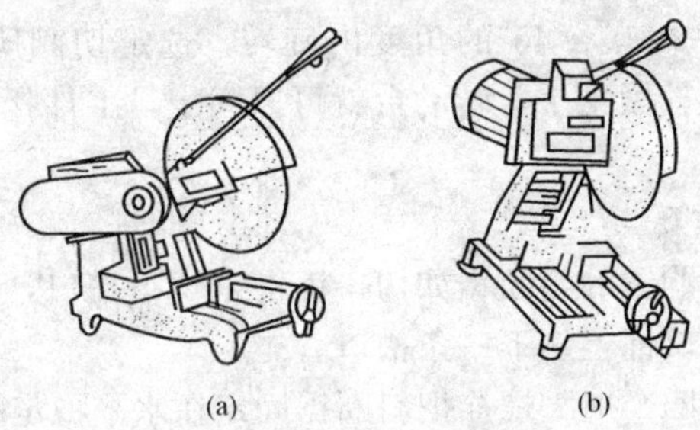

图 3-1 型材切割机

(a) J_3G—400 型；(b) J_3GS—300 型

目前，国内型材切割机大多为三相，切割盘的直径以 400 mm为主。而进口产品一般为单相的，切割盘的直径以 300～400 mm 为主。使用时应根据切割机的型号、轴径及切割能力选择配套的切割盘。下面介绍几种规格的型材切割机的技术性能以供参考，见表 3-1。

表 3-1 型材切割机的规格与技术性能

切割深度/mm	额定电压/V	输入功率/W	空载转速 / $(r \cdot min^{-1})$	整机质量/kg
100	220	1 450	3 800	21.0
100	220	2 000	4 200	16.5
110	380	2 200	2 290	86.0
110	380	3 700	2 430	96.0
115	220	1 430	2 300	25.5
130	220	2 000	3 700	17.5
135	220	2 000	3 500	22. 5

2. 操作要点

(1) 工前检查：检查切盘是否符合工作需要，是否有裂纹、变形现象，切盘的锁进螺栓是否紧固。检查电源是否符合铭牌标示的要求，开关键是否灵活有效，电动机运转是否正常。一切检查完毕后才能开机。

(2) 加工前一定要把工件用台虎钳夹紧。

(3) 右手握紧把手，打开开关。注意切盘不要立刻接触工件。待切盘转速达到全速后，再按下把手进行切割。压力要均匀、适中，不要过大、过小或冲击切割。

(4) 如果需要斜角锯割工件时，应先进行调整，再用套筒扳手旋松导板固定螺栓，把导板调整到所需要的角度，然后再拧紧固定螺栓。

(5) 如果需要切断较厚工件时，可把导板后移，先旋松导板固定螺栓，并把它们拆下来，再把导板固定到后面的螺孔上，进行大料加工。

(6) 如果需要切割较薄工件或切盘上有一定程度磨损时，可以用木材垫板夹在导板与工件之间，夹紧夹钳，只用切盘的中点进行切割。

(7) 切盘拆装时，首先拔下电源插头，掀下安全罩，压下转轴止动销，使切盘不致移动。然后用套管扳手顺时针方向拧松转轴上带法兰盘的螺栓，卸下切盘换装新的切盘（印有符号的一面朝外），再装上法兰盘。最后逆时针方向拧紧螺栓，掀起转轴止动销。

(8) 搬运型材切割机时，必须把挂钩钩住机臂，锁好后才可移动。

3. 安全操作规程

(1) 工前检查是确保安全操作的首要前提，所以操作前必须按操作要点中的“工前检查”全面做好各项检查工作，确保机具本身安全可靠。

（2）型材切割机应放置在地上、楼板上，不得架高使用。

（3）工件必须夹紧并尽量保持水平，工件较长时，可在另一端垫高。

（4）操作中，手柄一定要握牢，为防止启动时的冲力，全速转动后方可开始切割。

（5）操作时，操作者应站在机具后部偏左侧，电线理顺摆好，尤其不得放在被切割的工件下面。

（6）切割工件时，飞溅的火花较多，所以切割四周不得有易燃易爆物品，以免发生火灾。

（7）工件与切割片高速磨削致使切割片和工件切口温度骤增，不得用手去触摸工件切口附近及刚停机的切割片，以免发生烫伤。

（8）切割作业时，操作人员应集中精力避免左右摇摆卡断切割片飞出伤人，其他人员不得站在火花飞出的方向。

4. 维护与保养

（1）注意保持机具的清洁，每次工作完成后，要擦净整个机具，清除缝隙间的杂物，以保持机具处于良好的工作状态。

（2）机具用完后要固定存放在机架上，不得乱放、堆压，以防机具零件变形或损坏。

（3）不用的切盘取下后，一定要放在安全、干燥的地方架好，切勿挤压，以防变形和断裂或因潮湿而降低强度。

（4）经常检查机具的转动轴、法兰盘和螺钉有无缺损，紧固状况是否保持良好，注意定期上油防锈。

（5）定期进行绝缘检查，发现绝缘破坏、导线损坏、发生漏电现象等应及时修换。

（6）定期检查和替换电刷。当电刷磨损到 6 mm 时就需要更换。要保持电刷的清洁，使其在夹内能自由滑动。

三、剪断类电动机具

剪断类电动机具是利用刀片或冲模剪断材料，达到加工要求的金属加工工具，主要有电冲剪和电剪刀两种。

（一）电冲剪

电冲剪不仅能剪切较薄的金属板材，而且能剪较厚的金属板，同时还能在窄条或离边较近的材料上开各种形状的孔。冲剪过程中，材料不会发生变形。波形钢板、塑料板也可使用电冲剪裁切或冲孔。

1. 构造与原理

电冲剪由电机、变速箱、偏心轴、导向杆、连杆、上下冲模、模座及开关等组成。上冲模用螺钉固定在连杆上，下冲模固定在冲模座上，上下冲模用导向杆定位。连杆和冲模座套在同一导向杆上，导向杆的上端用定位螺钉与罩壳连接，冲模座用定位螺母锁紧在导向杆的另一端。上下冲模之间的间隙是固定不变的。电冲剪的工作原理是：电机转动经过二级齿轮变速，由偏心轴带动连杆及上冲模，使上冲模对固定在模座上的下冲模作往复高速的冲剪运动，以实现冲剪功能。

2. 操作要点

（1）做好工前检查工作，检查电源、开关、上下冲模等是否正常。

（2）确认机具各部件都有效后开机空转一分钟，加注润滑剂，再开始作业，操作时，不要猛力往前推，应平稳均匀地往前推进。

（3）上下冲模的调整与更换：使用中发现上冲模与下冲模配合不当时，可调整定位螺钉、定位螺母；上下冲模被磨损或损坏时，应在停机断电的状态下予以更换。

（二）电剪刀

电剪刀是剪切薄形金属板材的剪切机具，它具有小巧、灵活，携带使用方便，可进行直线、曲线任意裁剪等优点。

1. 构造与原理

电剪刀是由电机、齿轮变速机构、偏心连杆、上下刀片、刀架、刀片夹等组成的，下刀片用内六角螺丝固定在刀架上。其工作原理是：电机转动经齿轮变速，偏心轴带动连杆及上刀片，对固定在刀架上的下刀片作往复剪切运动。

2. 操作要点

（1）使用前应检查电源（不超过额定电压值的10%）、开关、剪切刀片所切板材厚度是否符合要求。使用电剪刀的环境条件为：海拔不超过 2 000 m；环境温度为－10 ℃～40 ℃，相对湿度不大于 90%。

（2）调节方法：稍微松动下刀片六角螺丝，插进厚度尺（塞规）选定空隙量；调节操作柄上的六角螺栓，以调节空隙，到塞规不能轻松移动为止，然后慢慢拧紧手柄上的螺栓和固定刀片的螺母。要求板厚 0.8 mm，间隙量为 0.15 mm；板厚 1 mm，间隙量为 0.2 mm；板厚 1.5 mm，间隙量为 0.3 mm；板厚 2 m，间隙量为 0.6 mm；板厚 3 m，间隙量为 0.9 mm。

（3）开机 1 min，在往复运动部分加润滑剂，然后再开始剪切，剪切时应慢慢移动向前推进，电剪刀略向后倾斜，剪切过程中如有异常声响，应停机查明原因，修复后再操作。

（4）在停机断电的状况下，用内六角扳手卸下上、下刀片的六角螺母，将两片剪切刀片旋转 90°，取下已磨损的刀片。如果两片刀片均要换时，先装上刀片，用手压刀，确认刀片与刀片夹之间无缝隙后慢慢拧紧螺栓，再按此安装下刀片即可。

3. 安全操作规程

（1）务必作好工前检查，严禁机具带病运转进行作业。

（2）严禁超允许范围剪切过厚的材料。

（3）操作中不能用力过猛，遇转速突然变慢时，应立即减小推力，防止过载。

（4）检修机具必须在停机断电的状态下进行，严禁带电拆装、检修机具。

第二节　钻孔机具

各种规格的电钻，是装饰装修金属工程中开孔、钻孔、固定的理想电动工具，手提式钻孔工具可分为微型电钻和电动冲击钻，电锤和电动螺钉旋具也属此类机具。

一、微型电钻

微型电钻是用来对金属、塑料或其他类似材料及工件进行钻孔的电动工具，如图 3-2 所示，电钻由电动机、传动机械、壳体、钻头等部件组成。钻头夹装在钻头或圆锥套筒内，13 mm 以下的采用钻头夹，13 mm 以上的采用莫氏套筒。为适应不同钻削特性，有单速、双速、四速和无级调速电钻。电钻的性能以钻孔的直径表示，交直流两用电钻的性能见表 3-2。

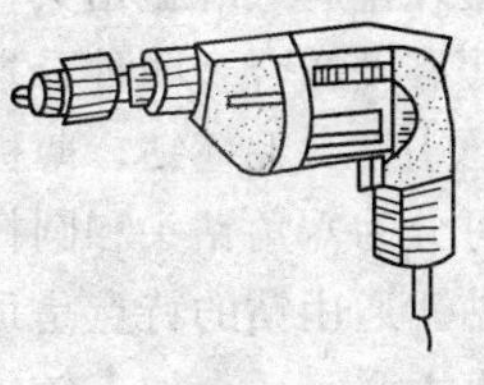

图 3-2　微型电钻

表 3-2　交直流两用电钻的性能

钻孔直径/mm	额定转速/（$r \cdot min^{-1}$）	额定转矩/（N·m）
4	≥2 200	0.4
6	≥1 200	0.9
10	≥700	2.5
13	≥500	4.5
16	≥400	7.5
19	≥330	3.0
23	≥250	7.0
注：表中钻孔直径为钻削 45 号钢时，电钻允许使用的钻头直径。		

1. 机具和钻头的选择

（1）机具的选择。选择微型电钻，首先要满足工作内容的要求，一般薄材料 10 mm 以下的孔径选用转速高、扭矩小的小电钻，厚度较大的材料及 10 mm 以上的孔径选用功率大，转速低、扭矩大的电钻。

（2）钻头的选择。一台电钻可以安装不同大小的钻头。而且当钻机选定以后，钻头的选择更加成为关键。手电钻钻头有外排屑式麻花钻头、空心钻头和孔锯钻头。其中用得较普遍的是外排屑式麻花钻头，它又分为通体合金钢制成及在钻头刃部镶有硬质合金两种。根据钻头的顶角、前角的不同，又可分为通用钻、毛坯钻、薄板钻等多种。按钻头紧固的形状不同，又可分为六角钻头和圆杆钻头。经常使用的主要是通用钻和薄板钻。通用钻的特点是顶部尖锐，排屑连续，钻孔位置准确，钻入力强，适合加工较硬较厚的各种材料。薄板钻，通常为削刃部复合硬质合金型。顶部除定位导向中心尖点用于定点外，还有两个削刃尖，与中心尖点高度只差一点。工作时中心尖点用于定位，两个削刃先将所加工的孔径划出来，使得钻孔完成前就可直观地检查孔的大小、位置合适与否。这种钻头用起来工作平稳，钻孔底部平整，边缘光滑，效率高，适合加工较薄和要求不钻透的材料。

2. 操作要点

（1）要符合标准规定要求，即空气最高温度为 35 ℃～40 ℃，最低温度为－10 ℃，相对湿度为 40％。

（2）按要求选择合适的电钻类型和相应的钻头类型，钻头应锋利，较钝的钻头应及时更换。

（3）电钻的最初启动电流与额定电流之比应不超过 6 倍，容差为＋20％。

（4）电钻用的钻夹头应符合标准，开关的额定电压和额定电流不应低于电钻的额定电压和额定电流。

（5）将钻头放在夹头内，并用专用扳手紧固。拆装钻头应用专用扳手，不能使用其他工具乱拧、乱砸。

（6）开机时应先检查机具、导线的绝缘性能和开关的完好程度。

（7）开始钻孔时，先将钻头头部放于所钻孔的圆心上，轻压并握牢电钻的手柄，接通开关后再开始钻孔。

（8）在金属材料上钻较深的孔洞时，可在钻头上预加少许润滑油，用以润滑和降温。

（9）在使用时若发出异常响声或出现故障，应停机并拔下电源插头后再进行检查。电动机工作时间过长而发热时应暂停作业，待电动机冷却后再继续工作。

（10）仰面作业时要戴护目镜，防止材料碎屑伤眼。

（11）在孔洞即将钻透时，要减轻压力，钻透孔洞后要保持钻头在转动状态时从孔中拔出，钻头还在孔内时不能关闭电源，以免折断钻头。

3. 维护与保养

（1）夹头滚柱转动部分和电动机要定期加润滑油。

（2）工作完毕后要拆下钻头，将工具上的残屑、尘土清除干净，盘好电源线挂好，不能堆压。

（3）要经常检查紧固螺栓，确保其无松动。

（4）定期检查电动机电刷，磨损到 5 mm 时要及时更换。

（5）电动机长时间工作发热后，要暂停作业，待电动机冷却后再开始作业。

（6）在潮湿的环境下作业要定期做干燥处理。

二、电动冲击钻

冲击钻是一种可调节式旋转带冲击的特种电钻。利用其纯旋转功能，同普通电钻一样使用，若利用其冲击功能，可以装上硬质合金钻头对混凝土、砖结构进行打孔、开槽作业。

1. 构造与原理

冲击钻由单相串励电机、变速系统、冲击结构（齿盘式离合器）、传动轴、齿轮、夹头、钻头、控制开关及把手等组成如图 3-3 所示。冲击钻的工作原理：电机通过齿轮变速带动传动轴，再与齿轮啮合，在此与齿轮配对的是一静齿盘式离合器，而齿轮则是一个动齿盘式离合器。在钻的头部调节环上设有钻头和锤子标志。把调节环指针调到“钻头”方向时，动离合器就被支起来，从而与静离合器分离，这时齿轮就直接带动钻头，做单一旋转运动，这时电动冲击钻就同普通电钻一样工作。若把调节环的指针调到“锤子”的方向时，动离合器就被放下来，从而与静离合器接触，这样在旋转时通过离合器凹凸不平的接触面，就产生了冲击运动，传递到钻头上就形成了旋转加冲击运动。它是单相串励电动机，适合交直流两用。电动冲击钻的规格以型号及最大钻孔直径表示，见表 3-3。

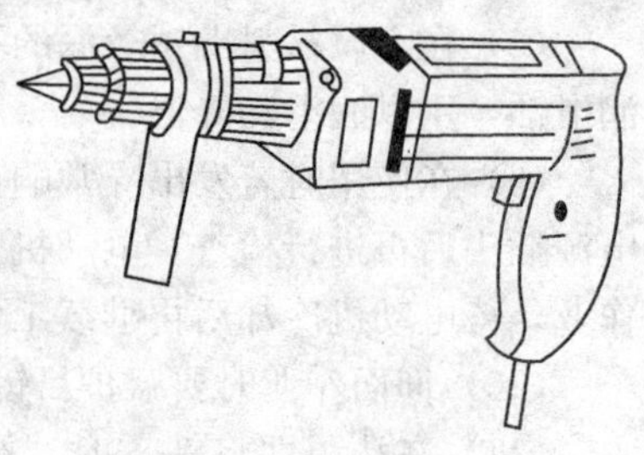

图 3-3　电冲击钻

表 3-3　电动冲击钻的规格

型号		回 JIZC—10	回 JIZC—20
额定电压/V		220	220
额定转速/（$r \cdot min^{-1}$）		≥1 200	≥800
额定转矩/（N·m）		0.009	0.035
额定冲击次数/（次·min^{-1}）		14 000	8 000
额定冲击幅度/mm		0.8	1.2
最大钻孔直径/mm	钢铁中	6	13
	混凝土制品中	10	20

2. 机具的选用

冲击钻的型号较多，选用时应根据所钻孔径的大小和基体的材质来选择冲击钻。当所需钻孔的直径越大、基体越坚硬时，则所用冲击钻的功率应越大；反之，选用冲击钻的功率就小。与冲击钻相配套使用的钻头主要是直柄硬质合金（碳化钨合金）钻头。冲击钻的使用操作与微型电钻相同。

3. 操作规程

（1）操作前检查电动冲击钻的完好情况。

1）电动冲击钻的机体、绝缘、电线、夹具、钻头有无损坏，如有损坏，必须及时更换。

2）检查夹具、钻头是否能紧密配套、夹紧，用专用扳手将其紧固，如钻头、夹具有上次使用未清除的杂质、铁屑缠绕应全面清除干净。

3）检查所用插座提供的电源指标值是否与电动冲击钻相符，充电式电动冲击钻是否已充电。

（2）确定使用电动冲击钻的功能要求，调节环指针调到“钻头”或“锤子”方向。

（3）操作时，把手应抓稳，钻头要垂直于操作面，一定要扶正电钻，轻压匀进，防止左右摆动，不能用力过猛。

（4）操作中发现异常现象或卡住钻头、转速不正常，应停机拔出检查，消除隐患。

（5）安全操作要点。

1）开机前要确认调节环指针指在与工作内容相符的方向。

2）操作者应戴防护眼镜，留长发者要戴好工作帽。

3）操作现场严禁有易燃易爆物品。

4）把柄应清洁、干燥、不沾油脂，以便两手能握牢。

5）只许单人操作，同时避免他人用棍棒压持作业。

6）出现卡钻头情况时，应停机调整，严禁带电强拉、硬拔、硬压和用力扳扭。

7）钻混凝土构件遇到钢筋时，应换一个位置另钻。

8）操作人员不准戴手套，双脚一定要站稳。

9）要有漏电保护，电源线要挂好，不准随地拖拉，更不允许用电线拖拉机具，以防破损漏电。

10）工作完后先关控制开关，再拔电源插头，工作前应确认开关在断开位置，方可插电源。

4. 维护与保养

（1）电动冲击钻用完后应将钻头卸下，清除钻头、夹头上的杂物、切屑，并拿回库房上架放置。

（2）定期拆机作全面检查，传动装置，转动部位要清洁、润滑良好，经常使用时，以每半个月清理一次为宜。

（3）经常使用的电动冲击钻，每天从油量计视窗检查油液一次，发现量少时，应及时补充，并应定期更换，保持油液清洁。

（4）定期检查电机碳刷，当其磨损到5～6 mm时，应及时更换。

三、电锤

电锤也称冲击电钻，如图3-4所示，兼有冲击和旋转两种功能，应用范围较广，常用于饰面石材安装，铝合金门窗、铝合金吊顶工程，混凝土地面或墙面的打孔。电锤的操作与微型电钻相似。电锤的技术性能见表3-4。电锤在使用时必须与辅件连接使用。

图3-4 电锤

1. 常见钻头及凿头的选用

（1）碳化钨水泥钻头：规格有5～38 mm，用于混凝土基体的钻孔。

表 3-4　电锤的技术性能

型　号		DH_{22}
电压（按不同地区）/V		110、115、120、127、200、220、230、240
输入功率/W		520
空载转速/（r · min^{-1}）		800
满载冲击率/（次 · min^{-1}）		3 150
工作能力/mm	混凝土	22
	钢	13
	木材	30
质量（电缆、侧手柄不计）/kg		4.3
注：DH_{22}为闽东日立电动工具有限公司生产的闽日牌，即 ZIC—22。		

（2）碳化钨十字钻头：规格有 30～80 mm，用于砖石和强度较低的混凝土基体的钻孔。

（3）空心钻头：规格 40～125 mm，用于钻大孔，使用较少。

（4）凿头：尖凿，起破碎作用；平凿，用于打毛；沟凿，用于开槽。

2. 操作要点

（1）根据工作内容合理选用锤钻和钻头，力求达到效率高、花钱少、使用方便的效果。选用好锤钻和钻头后，要根据产品证明书，选用与之相适应的润滑冷却液。

（2）确认钻头、夹头无杂质尘土，在钻头柄部涂少量油脂，插入前罩孔内。按机具的使用说明书所示转动夹持器，使钻头紧固于钻机上。

（3）将挡把拨到相应工作内容的部位。

（4）将钻头顶部放到钻孔或凿破部位，轻压、握紧电锤并站稳，再接通电源控制开关。

（5）电锤在钻孔时只需稍加按压，即可将碎屑自由排出，不要用力推压。

（6）电锤作业时应扶稳对正，否则易损伤机具。

3. 安全操作规程

（1）操作者需戴防护眼镜，长发者应戴好工作帽，脸部朝上作业时，要戴好防护面罩，严禁戴手套。

（2）操作人员一定要站在稳定可靠的工作面上，双手必须紧握两把柄。

（3）用电锤打孔开洞，先确认结构内是否有带电的电线，操作时必须错开带电电线等。

（4）应单人操作，避免多人同时使劲，或用棍棒撬压。

（5）高处作业时，最好设防护或隔离，以免伤及他人。

（6）作业中发生故障，一定要立即停机拔下插头查明原因，修复后方可继续作业。

（7）停机后先关控制开关，后拔电源插头，刚停机的锤钻，不得用手去触摸钻头，以免发生烫伤事故。

4. 维护与保养

（1）定期检查钻头的磨损情况、钻头及紧固螺栓的松紧程度，电动机和传动部位应经常清洁、润滑。

（2）使用迟钝的钻头将使电动机工作失常，降低工作效率，因此钻头一旦磨损，应立即更换新件或将其磨快。

（3）要经常检查安装螺栓是否紧固妥善。若发现螺钉松动，应重新拧紧，否则会导致严重事故。

（4）使用电锤时，应安装漏电保护装置。

（5）电动机上的电刷是一种消耗品，其磨损一旦超出磨损极限，电动机就有可能发生故障，因此电刷磨损至5～6 mm时，应及时更换。

（6）电动机是电动工具的心脏，应仔细检查有无损伤，是否被油液或水沾湿。在潮湿的环境下作业，要定期对电动机做干燥处理。

（7）定时检查润滑冷却油的数量和质量，油量少时应及时加注，杂质多时应及时更换。

（8）定期拆机，检查机具内清洁情况，清理机具内的灰尘和碎屑，一般每月清理 1～2 次。

5. 常见故障及排除方法

电锤的常见故障及排除方法见表 3-5。

表 3-5　电锤使用中的常见故障及排除方法

现　象	故障原因	排除方法
电机负载不能启动或转速低	1. 电源电压过低； 2. 锭子绕组或电枢绕组匝间短路； 3. 电刷压力不够； 4. 整流子片间短路； 5. 过负荷	1. 调整电源电压； 2. 检修或更换锭子电枢； 3. 调整弹簧压力； 4. 清除片间碳粉，下刻云母； 5. 设法减轻负荷
电动机过热	1. 电动机过负荷或工作时间太长； 2. 电枢铁芯与锭子铁芯相摩擦； 3. 通风口阻塞，风流受阻； 4. 绕组受潮	1. 减轻负荷，按技术条件规定的工作方式使用； 2. 拆开检查锭转子之间是否有异物或转轴是否弯曲，校直或更换电枢； 3. 疏通风口； 4. 烘干绕组

续表

现　　象	故障原因	排除方法
电机空载时不能启动	1. 电源无电压； 2. 电源断线或插头接触不良； 3. 开关损坏或接触不良； 4. 碳刷与整流子接触不良； 5. 电枢绕组或锭子绕组断线； 6. 锭子绕组短路，换向片之间有导电粉末； 7. 电枢绕组短路，换向片之间有导电粉末； 8. 装配不好或轴承过紧卡住电枢	1. 检查电源电压； 2. 检查电源线或插头； 3. 检查开关或更换弹簧； 4. 调整弹簧压力或更换弹簧； 5. 修理或更换锭子绕组； 6. 检查修理或更换锭子绕组； 7. 检修或更换电枢，清除片间导电粉末； 8. 调换润滑油或更换轴承
机壳带电	1. 接地线与相线接错； 2. 绝缘损坏致绕组接地； 3. 刷握接地	1. 按说明书规定接线； 2. 排除接地故障或更换零件； 3. 更换刷握
工作头只旋转不冲击	1. 用力过大； 2. 零件装配位置不对； 3. 活塞环磨损； 4. 活塞缸有异物	1. 用力适当； 2. 按结构图重新装配； 3. 更换活塞环； 4. 排除缸内异物
工作头只冲击不旋转	1. 刀夹座与刀杆四方孔磨损； 2. 钻头在孔中被卡死； 3. 混凝土内有钢筋	1. 更换刀夹座或刀杆； 2. 更换钻孔位置； 3. 调换地方避开钢筋

续表

现　　象	故障原因	排除方法
电锤前端刀夹处过热	1. 轴承缺油或油质不良； 2. 工具头钻孔时歪斜； 3. 活塞缸运动不灵活； 4. 活塞缸破裂； 5. 轴承磨损过大	1. 加油或更换新油； 2. 操作时不应歪斜； 3. 拆开检查，清除脏物调整装配； 4. 更换缸体； 5. 更换轴承
运转时碳刷火花过大或出现环火	1. 整流子片间有碳粉、片间短路； 2. 电刷接触不良； 3. 整流子云母突出； 4. 电枢绕组断路或短路； 5. 电源电压过高	1. 清除换向片间导电粉末，排除短路故障； 2. 调整弹簧压力或更换碳刷； 3. 下刻云母； 4. 检查修理或更换电枢； 5. 调整电源电压

四、自攻钻

自攻钻是上自攻螺钉的专用工具，如图 3-5 所示，用于轻钢龙骨或铝合金龙骨饰面板，以及各种龙骨本身的安装，其规格见表 3-6。

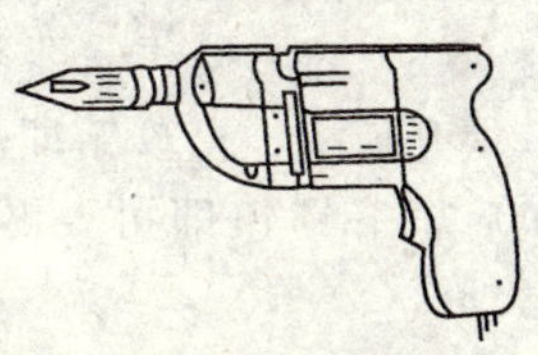

图 3-5　自攻钻

表 3-6　自攻钻的规格

规格 / mm ＼ 项目	输入功率/W	空载速度/（r·min^{-1}）	质量/kg
8	730	2 400	2.9
12	1 300	2 200	5.0

1. 操作要点

(1) 在接通电源以前，必须检查工具开关的操作是否灵活，扣上扳机再松开，看扳机开关是否能够弹回到关闭位置。

(2) 使用前，先取一颗螺钉在安装材料上试转，以便判断其深度是否适当、调节是否正确。

(3) 深度调节。拉紧固定套筒，将其向前拉，使其离开齿轮箱上的花键部分，然后转动，直到定位器达到想要的深度位置。固定套筒的每 1/6 转相当于 0.25 mm 的深度变化。当达到想要的深度位置时，轻轻将固定套筒推回到齿轮箱的位置。要慢慢地转动，以便吻合花键，然后用力推紧，将其固定在原来的位置。

(4) 替换旋具（改锥头）。从齿轮箱上拉下固定套管并拧下定位器，拉紧旋具夹并将其取下，然后用钳子捏住旋具，用另一只手紧握旋具夹，并将旋具拉出旋具夹。这个过程与安装新钻头正好相反。即使启动开关，旋具也不会转动。只有当螺钉装在改锥头上并加一定压力时，离合器才会咬合。

(5) 开关操作。要想启动自攻钻，只需扣动扳机即可。一松开扳机，自攻钻即停止转动。要想连续转动时，扣起扳机后压下锁钮即可。再扣扳机，接着再放松，可消除连续转动。

反转开关设在手把的根部，要改变旋转方向时，置于“F”为向右转，置于“R”为向左转。

2. 维护与保养

(1) 在做检查、保养工作前，一定要关掉开关，拔掉电源线。

(2) 及时更换易损件，擦洗灰尘。

(3) 各紧固螺栓、螺母压挤应适中，转动轴要保持灵活。

(4) 定期上油，防止腐蚀。

（5）定期做绝缘检查，发现绝缘不良、有漏电现象时应及时处理。

第三节　铆固与钉牢机具

一、射钉枪

射钉枪是一种直接完成紧固技术操作的工具，它利用射钉枪击发射钉弹使两个构件连成一体。主要用于焊铆、钻孔上螺栓等工艺不宜操作或操作不方便的条件下的构件固定。如在混凝土结构或钢材上固定木材或钢材，水暖电气设备安装，电线管路扣环，模型、托架的固定，铁件、龙骨、门窗、保温板、标牌等的固定。这种固定技术的优越性和特点是：自带能源，携带方便，操作简单，快速有效，省时省力，减轻劳动强度等。为了扩大使用范围，射钉枪配备了辅助件，见表 3-7。

表 3-7　射钉枪配备的辅助件

辅助件名称	射钉枪代号	用　途
磁性枪管罩	SDT—A301 SDQ603	固定 D23、D36 附加垫圈及发射专用型射钉
压铁防护罩	SDT—A302 SDQ603	能避免混凝土、砖砌体基体表面在射击时遭到崩落和破坏，并能使射钉固结的抗拉出力增加 25%
扁形枪罩	SDT—A302 SDQ603	用于狭窄面的钢构件（槽钢、角钢、钢窗等）的射击
加长枪管、枪罩	SDT—A302	发射特长射钉
垫圈固定装置	SDT—A302 SDQ603	固定 D23、D36 附加垫圈
加强活塞筒	SDQ603	增强弹威力，可用于使用 S_3 黑色弹威力尚感不足的地方

1. 构造与原理

射钉枪主要由活塞、弹膛组件、击针、击针弹簧、钉管、机头外壳、护罩、制动环、枪尾体外套和扳机等组成。轻型射钉枪有半自动供弹机构。其工作原理是：扣动扳机，使枪机击发射钉弹的火药燃烧释放出较大的能量，将射钉射出，从而将被固定的材料穿透并固定在基层上。

2. 射钉的选用

各种规格的射钉、射钉弹、射钉枪在使用中应配套选用，见表 3-8。射钉的种类见图 3-6。射钉弹按其构造的不同，大致有 S_1、S_2、S_3 和 MD79 等几种规格，其中 S_2 为冶金专用。每种规格又分几种不同的威力，以弹的口部、弹套包装的色标区分，分为黑、红、蓝、黄、绿和白色。

表 3-8 射钉枪、射钉弹、射钉的配套选用

射钉枪	射钉弹		射钉类型	枪管/mm	活塞/mm
	型号	口径×长度/（mm×mm）			
SDT—301	(S_1)	6.8×11	YA·HA（YD·HYD）		
SDT—302（SDQ603）	(S_1) (S_1) (S_1)	6.8×13	YA、HA·YK35、YM8、HM8（YD、HYD、KD35、M8、HM8）	8	8
			YA、HA、YK45、YM10、HM10（DD、HDD、KD45、M10、HM10）	10	10
			YM4（M4）L=42.52	12	12~6
			YM4（M4）L<32		12~5
			YM6—11、HM6—11（YM6—11、HM6—11）		12~3
			YM6—20、HM6—20（YM6—20、HM6—20）		12~2
			YK（YD）		12~1
			HT（HTD）		12

续表

射钉枪	射钉弹		射钉类型	枪管/mm	活塞/mm
	型号	口径/mm × 长度/mm			
［SDQ－77］	［MD79］	6.27～6.45×8.70～9.50	［M6、M8］		—
注：带［ ］者为江苏扬州市工具厂生产，带（ ）者为国营南山机器厂生产，其他为国营长庆机器厂生产。					

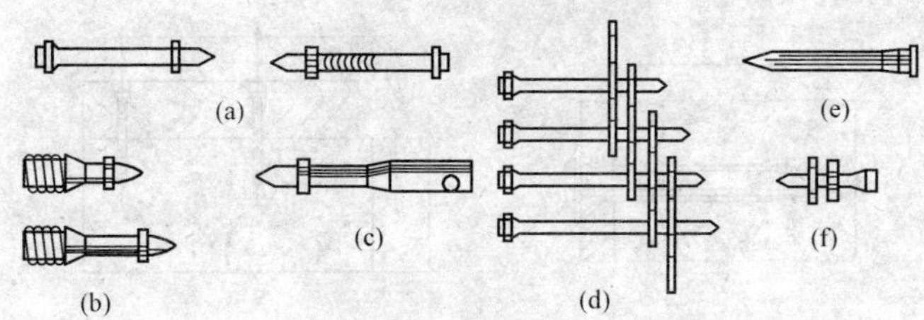

图 3-6　射钉的种类

（a）一般射钉；（b）螺纹射钉；（c）带孔射钉

（d）专用射钉；（e）高速射钉；（f）特殊用射钉

3. 操作要点

（1）射钉的装入：机具嘴向上，钉尖朝下滑入装订器内，把装订器翻起，对准内套嘴，装订器的装填把手尽量往回推，将钉装入。

（2）弹药的装入：把弹药夹从柄的底部插入，钢钉装好以后方可装入弹药。

（3）调节撞击力调节器的位置，根据基体的坚硬情况选择撞击力的大小，具体请阅读产品说明书。

（4）操作者应站在稳定可靠的操作台上操作，枪嘴应垂直对准被固定件，握紧射钉枪进行操作。

（5）在混凝土基体上固定射钉。

1）最佳射入深度为 22～32 mm，一般取 27～32 mm。深度小于 22 mm，承载力不够；深度大于 32 mm，对基体破坏的可能性较大，效果同样较差。

2）射钉固定的主要尺寸关系：基体的厚度 t 应大于等于射入深度 l 的 2 倍，基体太薄时，宜选用较短的射钉；射钉距离基体边缘的尺寸 a 应大于 50 mm，射钉与射钉之间的距离 b 应大于 2 倍射钉射入基体的深度如图 3-7 所示。

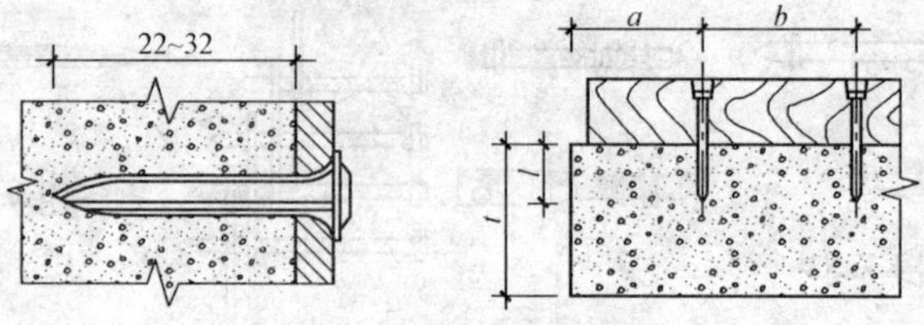

图 3-7　射钉与射钉的距离

3）对混凝土强度和酸碱度的要求：混凝土的抗压强度为 10～60 MPa 均可适用。低于 10 MPa 时，固定不可靠，大于 60 MPa时，射钉不易射进。混凝土酸碱度以 pH 值为 7～9 最好，对射钉无腐蚀作用，可用射钉做永久性固定。

4）射钉在钢筋混凝土基体中固定时，不要把射钉钉在钢筋上，更不得钉在预应力筋上。

（6）在钢质基体上固定射钉。

1）钢质基体的强度宜为 100～750 MPa。

2）钢质基体的最小厚度为 4～6 mm，太薄容易射穿固定不牢，其中钢质基体的厚度为 8～12 mm 时，可获得最佳射入深度。

3）射钉固定的主要尺寸关系：射钉距离基体边缘不小于射钉直径的 2.5 倍，射钉与射钉之间的距离不小于射钉直径的

6倍。

4）不得在硬质钢体（如高碳钢、淬火钢等）上固定射钉。

（7）在砖石砌体、岩石、耐火材料上固定射钉。这些材料往往因其强度的不确定性，不能事先确定，所以在砖石等材质的基体上固定射钉应先试射，获得最佳最可靠的射入深度后再大面积施工，其中砖砌体的射入深度一般为30～50 mm。

4. 安全操作规程

（1）所有使用射钉枪的操作人员，必须经过严格的培训，全面掌握射钉枪的使用方法、安全使用技术和操作规程，有良好的工作姿态和道德素质，不得拿射钉枪随意玩耍和开玩笑。

（2）使用前应严格检查射钉枪、射钉、弹药是否配套，检查射钉枪各部位是否完好有效。

（3）基体应稳定牢固、坚实可靠，在薄墙板、轻质基体上射钉时，基体的另一面不得有人及带电导线，以免射钉穿透基体，造成伤害。

（4）操作时才允许将钉、弹装入射钉枪内，严格将装好弹药的射钉枪枪口对准人。

（5）钉、弹应按危险、爆炸物品进行储存和搬运。

（6）射钉枪不得交给无关的人员或小孩玩耍。

5. 维护与保养

（1）为了经常保持射钉枪处于良好的工作状态，机具必须在下班后清洁，对于作业量较大的，应在完成后立即清洁。

（2）射击时，当发现射钉枪操作不灵活时，应及时取出射钉、射钉弹，排除故障，切不可随便敲击。

（3）射钉枪每天用完后，必须将枪用煤油浸泡，然后擦拭、上油存放，以防锈蚀，射击1 000发后应进行清洗。

（4）各紧固调节螺栓、螺母及转动轴要保持转动灵活，定期上油防止腐蚀。

(5) 机具使用完毕后，要用固定的机架存放，不得乱丢、乱放，以免受到挤压和磕碰，使零件变形或损坏。

二、拉铆枪

拉铆枪按其提供的动力不同可以分为手动式拉铆枪、电动式拉铆枪和风动式拉铆枪三种，其中风动式又分为风动拉铆枪和风动增压式拉铆枪。广泛应用于吊顶、隔断、通风管道、电缆支架、桥架等作业中。

(一) 手动式拉铆枪

1. 构造、原理及特点

手动式拉铆枪由手柄、倒齿爪子、拉铆头组成，它是采用杠杆原理，作业时手柄张开与合拢使拉铆杆移动，倒齿的爪子在拉铆杆移动中能自动夹紧与松开，从而达到铆接目的。手动式拉铆枪具有结构简单、体积小、便于携带等优点，特别适合于狭小场地的使用。

2. 操作要点

(1) 根据工作内容选择不同孔径的拉铆头，拉铆头选择后，根据铆接工件的厚度选择拉铆钉的直径和长度。

(2) 在被铆接的工件上先钻孔，孔径应与铆钉滑动配合，不宜太大，以免影响铆接强度。

(3) 操作时，铆钉应正对着铆孔，双手同时均匀使劲将铆钉铆牢固。

(二) 电动拉铆枪

1. 构造与原理

电动拉铆枪由电机、传动装置、离合器、手柄、开关、外壳及拉铆头等组成。其原理是：电动机转动，经传动装置形成旋转，减速并作直线运动将铆钉送出达到铆接目的。其特点是铆接速度快，有良好的气密性和水密性。

2. 操作要点

(1) 正式使用前启动电机空转 1 min，检查拉铆枪各部件必须传动灵活有效后再进行操作。

(2) 检查铆钉轴裂强度，选择与铆钉相配套的铆钉头，钻好与铆钉相适合的铆钉孔（按滑动配合要求钻孔）。

(3) 将拉铆钉轴插入拉铆枪拉铆头孔内再将铆钉嵌入被铆工件的孔内，然后以拉铆枪支紧被铆工件，同时拉铆枪上的外套被顶起，即启动了离合器，瞬时即可听到铆钉被拉断的声音，放松开关，铆接完毕，若铆钉轴未断，可重复动作。

(4) 取出铆钉轴为下次铆接作准备。

(5) 操作中如发现异常声音和现象，应立即停机，切断电源进行检修。

(6) 拉铆枪内的离合器、滚珠轴承和齿轮等的润滑剂保持清洁并及时添加。

(7) 电动拉铆枪不宜在有易燃易爆、腐蚀性气体及潮湿等特殊环境中使用，平时不用时应存放在干燥处。

(三) 风动拉铆枪及风动增压式拉铆枪

这两种拉铆枪都是以压缩空气为动力的设备，都是由手柄多级活塞、风马达、外壳、拉铆头等组成的。增压式拉铆枪还设有增压器，并通过增压器来增加拉铆能力。其原理是压缩空气通过进气管进入多级活塞马达，产生风压拉力，风动拉铆枪产生 3 000～7 200 N 的拉力，风动增压式拉铆枪将产生 5 000～10 000 N 的拉力，带动拉铆头，将拉铆钉铆接在工件的孔内，它们的特点是重量轻、操作简便、噪声低、生产效率高，增压式拉铆枪还具有功率大的特点。它们都有四种规格的拉铆头。

第四节 焊接机械

一、电焊机

电焊是金属结构构件十分普遍的连接方式。电焊机分为电阻焊机和电弧焊机两大类。电阻焊机又称为接触式焊机，如点焊机、对焊机等。电弧焊机又分直流和交流两种，其中交流弧焊机因结构简单、价格便宜、使用和维护方便，在装饰金属工程中的焊接作业大多是用交流弧焊机来完成的。

1. 焊接工具的选择

(1) 电焊钳。常用规格有 300 A 和 500 A 两种，前者用于夹持 $\phi2$～$\phi5$ mm 焊条，后者用于夹持 $\phi4$～$\phi8$ mm 焊条。

(2) 电焊软线。连接电焊机与电焊钳，工作时要有足够的截面积，一般可参照表 3-9 选用。

表 3-9 电焊机软线截面积允许电流表

电焊机型号	BX_1—135	BX_1—330	BX_3—500	BX_6—120
软线截面积/mm^2	25	50	70	25
软线最大允许电流/A	140	225	280	140

(3) 电焊面罩。有手持式和头戴式两种。面罩中部镶有电焊玻璃，尺寸为 50 mm×70 mm。按颜色的深浅分为三个牌号：9 号为较浅色，电流小于 100 A 时使用；10 号为中等色，电流在 100～350 A 之间时使用；9 号色较暗，电流大于 100 A 时使用。在电焊玻璃外还必须加普通玻璃。

(4) 电焊手套和脚盖。用于防止弧光和熔渣灼伤皮肤的帆布或皮革制品。

(5) 焊条。焊条的种类很多，应根据不同的使用要求，选择相应的焊条。建筑装饰工程中较多使用结构钢焊条，几种常用焊条的牌号与适用范围见表 3-10。焊条直径和焊接电流见表 3-11。

表 3-10　常用焊条的牌号与适用范围

牌　号	名　称	抗拉强度/MPa	焊接电流	主　要　用　途
结 421	钛型低碳钢焊条	420	交流电	焊接一般低碳钢结构，尤其适用于薄板小件
结 422	钛钙型低碳钢焊条	420	交流电	焊接较重要的低碳钢结构和强度等级低的普低碳钢结构
结 426	低氢钾型低碳钢电焊条	420	交流电	焊接重要的低碳钢和某些低合金钢结构
结 502	钛钙型普通低合金钢焊条	500	交流电	用于 16 锰等普通低合金钢结构的焊接
结 503	钛铁矿型普通低合金钢焊条	500	交流电	用于 16 锰等普通低合金钢一般结构的焊接
结 506	低氢钾型普通低合金钢焊条	500	交流电	用于重要低碳、中碳及某些普通低合金钢（如 16 锰）等的焊接
结 553	钛铁矿型普通低合金钢焊条	550	交流电	用于相应强度的普通低合金高强度一般结构，如 15 锰钒、15 锰钛普通低合金钢等的焊接
结 556	低氢钾型普通低合金钢焊条	550	交流电	用于中碳钢和 15 锰钛等普通低合金钢结构的焊接
结 606	低合金高强度钢焊条	600	交流电	用于焊接中碳钢及相应强度的低合金高强度钢结构

表 3-11　焊条直径和焊接电流

钢筋直径/mm		搭接焊、帮条焊				剖口焊			
		10～12	14～22	25～32	36～40	16～20	22～25	28～32	36～40
焊条直径/mm	平焊	3.2	4	5	5	3.2	4	4	5
	立焊	3.2	4	4	5	3.2	4	4	5
焊接电流/A	平焊	90～130	130～180	180～230	190～220	140～170	170～190	190～220	200～230
	立焊	80～110	110～150	120～170	170～220	120～150	150～180	180～200	190～210

2. 电焊机的构造与原理

电焊机一般由电阻线圈、铁芯绝缘层、外罩机械柄、接线柱等组成。其工作原理是：被焊接的构件接通零线，火线连接焊条，在互相接触面形成瞬时短路，使其产生强热量，抬起焊条，使焊条与被焊件之间的气体电离，产生电弧形成高温熔池，使焊件熔化达到焊接的目的。

3. 电焊机的操作与保养

(1) 电焊机操作工必须经过专业培训，持证上岗。

(2) 电焊机应放在清洁、干燥、通风的地方。现场要设有可防雨、防潮、防晒的机棚，同时应备有消防器材，在电焊机施工现场 10 m 范围内，不得堆放木材、氧气瓶、乙炔罐等易燃材料。

(3) 电焊软线应用橡胶绝缘多股软电缆。当现场条件必须采用较长的电缆软线时，则需加大二根电缆软线的截面积，使其电压降在 4 V 左右，否则电弧将不稳定，影响焊接质量。

(4) 工作中不允许用铁板搭设等来代替焊接件的电缆线，否则将因接触不良或降压过大而使电弧不稳，影响焊接质量。

(5) 软线接头应采用镀锡的紫铜接头，接头表面应保持清洁，不平处也应加以修整，保证接触面有良好的导电性。

（6）电焊软线与焊机的接头处必须拧紧。一旦有螺钉松动造成接触不良，不但会造成电能损耗，还会导致电焊机过热，甚至烧毁接线板。

（7）要经常打开机壳清扫电焊机内部的灰尘和铁屑等物，经常检查电焊机的接头是否拧紧，一定要保证接触面有良好的接触。

（8）电焊机应存放在干燥、通风的地方。若将电焊机置于潮湿处，会使电焊机绝缘受损。因此电焊机的存放原则是：

1）存放处应保持干燥，不得有雨水浸入的可能。周围介质的温度应为－20℃～40 ℃，相对湿度不应大于85％。

2）通风良好，无有害工业气体和介质。

3）油漆及不带电部分应涂保护油脂。

4. 常见故障及排除方法

常见故障及排除方法见表3-12。

表3-12　电焊机常见故障及排除方法

序号	故障	原因	排除方法
1	电焊机过热	超负载工作，铁心螺杆绝缘损坏，绕组电路出现短路	按规定负载作业，恢复铁心螺杆绝缘，排除绕组短路故障
2	电焊机壳带电	初级或次级绕组碰壳，电源线碰壳，焊接电缆碰壳，外壳接地不良或未进行接地处理	消除初级或次级绕组碰壳故障，消除电源线碰壳故障，消除焊接电缆碰壳故障，接好接地线
3	电焊机发出强烈嗡响声	初级绕组和次级绕组发生短路	消除初级绕组和次级绕组短路故障

续表

序号	故障	原因	排除方法
4	熔丝熔断	初级绕组和次级绕组发生短路，电源线接头处相碰，电源线接头处碰壳，电源线破损碰铁板	消除初级绕组和次级绕组短路故障，消除电源线接头处碰壳故障，修复破损处的电源线
5	电流忽大忽小	焊接电缆和焊接件接触不良，可动铁心随焊机振动而发生移动	保证电缆和焊接件接触良好，消除铁心移动现象
6	可动铁心在焊接时发出振动声	可动铁心的制动螺钉或弹簧发生松动，活动铁心的移动机构损坏	旋紧螺钉，调整弹簧的拉力，修理移动机构
7	焊接电流过小	焊接电缆线过长使降压太大，焊接电缆线卷成盘形使电感太大，电缆接线柱与焊件接触不良	缩短电缆线长度或加大截面积，放开盘形电缆，保持电缆接线柱与焊件接触良好
8	电焊机电压不足不能引弧	造成电焊机电压不足不能引弧电源电压不足，次级绕组部分线匝短路，电缆线过细，压降太大，接头接触不良，初、次级、绕组接触不良	调整电压至额定值，消除次级绕组部分线匝短路，增大电源线截面积，保持各处接触良好，严格按规定连接

二、氩弧焊机

氩弧焊是利用氩气作保护介质的一种电弧焊接方法。氩弧焊主要用于不锈钢构件的焊接，也可用于铜、铝、银等金属焊接。在装饰工程中可用于柱面、台面、扶手、护栏等的焊接。按使用电极类别不同，氩弧焊机可分为非熔化极（即钨极）和熔化极两大类，现重点介绍钨极氩弧焊机。

1. 钨极氩弧焊机的特点

装饰金属工程中使用的不锈钢材料，主要是以薄板、薄壁方管、圆管等为主。用钨极氩弧焊较为合适。钨极氩弧焊的特点是：焊接缝成型好，无熔渣，电弧稳定，焊件变形小，焊缝质量可靠，适用于 0.3～3 mm 薄板的焊接。

2. 钨极氩弧焊机的组成

钨极氩弧焊机主要包括主电路系统、焊枪、供气系统、水路系统、控制系统等部分。

（1）主电路系统。通常采用普通硅整流和可控硅整流电源，国外的先进设备采用高速变逆电源。

（2）焊枪。主要由枪体、喷嘴、电极夹持装置、电缆、氩气输入管、控制开关等组成，作用是夹持钨极、传导电流和输送氩气。

（3）供气系统。由电气瓶、减压器、电磁气阀、气体流量计等组成，作用是把钢瓶内的氩气按一定的流量，从焊枪喷嘴送到焊接区。

（4）水路系统。当焊接电流超过 200 A 时，钨极和焊枪必须采用循环水冷却枪体。

（5）控制系统。通过控制线路，在焊接时实现对供电、供气、引弧、稳弧等部分的控制。

3. 钨极氩弧焊机的操作要点

（1）严格按照钨极氩弧焊机外部接线图正确接线，并接好水路与气路。

（2）接通控制开关电源，检查水路，调整气流，调节焊接规范参数，进行控制电路动作试验，检查电源是否正常。

(3) 试引燃电焊。

(4) 进行试焊，调整所需参数。

(5) 焊接时，电极应与焊件成 20°～30°倾角，填充焊丝与电极约成 90°夹角。

(6) 电极段头磨成锥形，长度为电极直径的 1/3。钨极烧钝后应及时磨削，以保证电弧集中而稳定。

(7) 焊接时，电极与工件不准接触，要保持 2～5 mm 距离。

(8) 停止焊接时，电弧熄灭后焊炬不要离开焊缝，应将焊炬在熄弧处停留至气体延时时间后再抬起，使氩气继续保持热态的收尾焊缝，以保证熄弧处的焊缝质量良好。

(9) 焊接过程中要注意气路、水路、焊机运转是否正常，并采取安全防护措施。

4. 钨极氩弧焊机的维护与保养

(1) 焊机必须可靠接地。

(2) 接线时应保证网路电压与铭牌电压相符。

(3) 定期检查焊机各连接电缆的连接情况，应无松动现象。

(4) 定期对电路系统和控制系统进行除尘，对继电器、接触器触头情况进行检查。

(5) 保证冷却水清洁，无杂质和铁锈。

(6) 定期保养气路系统，检查是否存在气路堵塞或漏气故障。

第五节　磨削类机具

研磨、刨削是为达到构件或装饰表面的平整、光滑效果而采用的操作工艺。装饰施工中，磨削是一道必不可少的工序。使用机具操作为磨削施工提供了极大的方便和质量保证。一般来说，刨削和研磨机具具有结构轻巧、携带方便、安全可靠、使用灵活和工效高等优点，就工效来说，采用机具操作是人工操作的几十倍甚至上百倍。

一、手提电动砂轮机

手提电动砂轮机又称为电动角向磨光机，是用于磨削的专用工具，如图 3-8 所示。因为砂轮轴线与电动机轴线成直角，因此特别适用于位置受使用条件限制、不便于使用普通磨光机的场合。

图 3-8　手提电动砂轮机

该机配用多种工作头：粗磨砂轮、细磨砂轮、抛光轮、橡胶轮、切割砂轮、钢丝轮等，从而起到磨削、抛光、切割、除锈等作用。在建筑装饰金属工程中应用十分广泛。

常用手提电动砂轮机的型号和性能见表 3-13；手提电动砂轮机的使用配件见表 3-14。

表 3-13　常用手提电动砂轮机的型号和性能

产品型号	SIMJ—100	SIMJ—125	SIMJ—180	SIMJ—230
砂轮最大直径/mm	ϕ100	ϕ125	ϕ180	ϕ230
砂轮孔径/mm	ϕ16	ϕ22	ϕ22	ϕ22
主轴螺纹	M10	M14	M14	M14
额定电压/V	220	220	220	220
额定电流/A	1.75	2.71	7.8	7.8
额定频率/Hz	50～60	50～60	50～60	50～60
额定输入功率/W	370	580	1 700	1 700
工作头空载转速/（r·min^{-1}）	10 000	10 000	8 000	5 800
净重/kg	2.1	3.5	6.8	7.2

表 3-14 手提电动砂轮机的配件

产品型号	SIMJ—100	SIMJ—125	SIMJ—180	SIMJ—230
轴承	80201，941/8 80029，60027	60202，60201 60027，18	60201，60029 203	60201，60029 230
电刷	D374L 4×6×13	D374L 5×8×19	D374L 5.5×16×20	D374L 5.5×16×20
开关	DKP_1-2	DKP_1-5	DKP_1-10	DKP_1-10

1. 操作要点

（1）为确保作业适当，应选择颗粒适当的砂轮。

（2）安装砂轮时，应先关闭电源。

（3）握紧并启动工具，待获得最大速度后缓慢地将工具放在工件上。为取得良好的加工效果，应尽可能使工作头旋转平面与工作砂磨表面成15°～30°角。

2. 安全操作规程

（1）电源插座的电压必须与磨光机铭牌标示的电压相同，避免发生严重事故，损毁机具。

（2）工前检查：磨光机护罩是否损坏，电源开关是否处于关闭状态（插电源前，开关必须处于关闭状态，否则会出其不意地突然启动），机具一定要有接地。

（3）操作时应站稳，双手握稳机具，手不要接近旋转部分，不要有意识地施加压力。

（4）操作者应避开火花溅出的方向，主轴转动时，不要按下锁定销。

（5）机具处于转动状态时不得随意放在楼地面上且在无人的情况下离开操作现场。

（6）作业完后不能立即用手去摸工件和工作头，以免发生烫伤；更换部件时，必须在断电停机的状态下进行，以免发生意外事故。

（7）粉尘多时应戴防护眼镜。

3. 维护与保养

（1）不要任意用其他导线、插头更换电缆线与插头，也不要任意接长导线。

（2）使用过程中，若出现下列情况之一，必须立即切断电源进行处理：传动部件卡住，转速急剧下降或突然停止转动；发现有异常振动或声响，温升过高或有异味；发现电刷下火花过大或有环火。

（3）工作过程中，不要使砂轮受到撞击，使用切割砂轮时不得横向摆动，以免砂轮碎裂。

（4）要定期检查，至少每季度应检查一次。除检查砂轮防护罩等零部件是否完好、牢固以外，还应用500 V绝缘电阻表测量其绝缘电阻，其值不得少于7 MΩ。

（5）要经常观察电刷的磨损状况，及时更换磨损过短的电刷。更换后的电刷在使用时应活动自如。电动机运转灵活后，再通电空载运行15 min，使电刷与换向器间接触良好。

（6）机器应放置于干燥、洁净、无腐蚀性气体的环境中。机具外壳不得接触任何有机溶剂。

二、砂带磨光机

砂带磨光机主要用于磨砂和磨光木制品，金属表面的除锈，去除油渍，金属、石材、水泥及相似物质的表面磨光，是代替人工对部件表面进行打砂纸的工作，从而加快进度，减轻劳动强度，且能提高质量。

1. 构造与原理

砂带磨光机主要由电机、机壳、传动装置、工作头（鞋形底板、砂带、驱动和从动轮）等组成。其原理是利用电机带动传动装置，使驱动轮带动砂带旋转达到打磨的目的。

2. 砂带的选用

当选定好砂带磨光机以后，据以确定砂带尺寸，然后根据所打磨的材质结合砂带的粒度选定砂带的型号。一般材质为木材、铁、钢材时选择 AA 型，若为石材、塑料时选择 CC 型。粗磨时粒度一般为 40、60，细磨时为 150、180、240，中度打磨为 80、100、120 等。

3. 操作要点

（1）调节砂带的位置。按下开关键，把砂带调到检测位置，向左或向右旋转调节螺丝，固定好砂带的位置，使砂带边缘与驱动轮边缘有 2～3 mm 空隙。如果砂带固定太靠里，操作时会产生磨损甚至损坏，如砂带在使用中有位移，可进行调节。

（2）用一只手抓住手柄，另一只手调节速度旋钮，启动机具。保证机具与工件表面轻轻接触，机具本身的重量足以高效地磨光工件，操作中不要再施加压力，否则马达会超载，缩短砂带使用寿命，降低研磨效率。

（3）要以恒定的速度和平衡度来回移动机具。

（4）选择合适的磨光砂带。

（5）边角磨光时应配用特殊的附件。

4. 安全操作规程

（1）工前检查：检查供电电压是否相符，机具的开关是否处于关闭位置；检查机壳、各零部件有无破损，固定的部分是否固定牢，可移动的部分是否处在正确位置。

（2）接电源前检查机具的开关操作是否灵活有效，扣上扳机再放松，扳机是否能够弹回原位。

（3）开启机具并等到转速稳定后，再将机具慢慢移至工作表面，否则易损坏工件和机具工作头，造成伤人。

（4）不允许脱手使用工具，必须用手拿稳机具方可操作使用。

（5）禁止过载操作使用。

（6）使用中不得用手触摸转动的部分。

（7）机具不用时必须拔下电源插头，必须在停机断电的状况下更换零部件和砂带。

5. 维护与保养

（1）经常保持机具清洁，每次使用完后应擦拭干净。

（2）按使用说明书的要求给轴及其他活动部分加注润滑油，砂带和零部件受损时必须及时更换。

（3）不用的机具必须放在干燥处保存，防止电机线圈损坏或受潮、受油浸泡。

（4）定期检查导线有无破损，如有应及时修理、更换。

（5）定期检查和替换碳刷。当磨损达到 6 mm 以下时，应予以更换。

三、砂纸机

砂纸机主要是用砂纸对部件进行打磨，如图 3-9 所示。砂纸机底座有不同的规格：宽度为 90～135 mm，长度为 186～226 mm，质量为 1.6～2.8 kg。

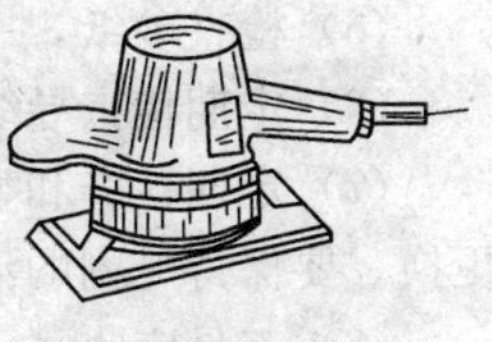

图 3-9　砂纸机

1. 操作要点

（1）握紧并启动工具，待其获得最大速度后缓慢地将工具放在工件的表面上。

注意：打磨时不可对砂纸机施加过度的压力，否则会导致电动机过载并缩短砂纸的使用寿命和降低打磨或抛光效率。此外在打磨或抛光时，切勿盖住电动机上部的通风孔，以免电动机过热损坏设备。

（2）要以平稳的速度和均匀的力量前后交替地移动砂纸机，从而获得最佳的操作效果。

（3）在安装新的粗颗粒砂纸后，在打磨时为消除砂纸机在运动中出现不稳现象，可将砂纸机前面或后面稍稍翘起。

(4) 若在工具下面放一片布，在家具或其他精细的表面上可得到高光洁度效果。

(5) 固定砂纸，松开簧片，插入一张砂纸。要把砂纸垫平行，对齐拉紧，否则会造成抛光面变得不平或发生砂纸损坏。

2. 维护与保养

(1) 应注意保持工具清洁，每次使用完毕后应将底板及缝隙和机壳上的粉尘清除干净。

(2) 按工具使用说明给工具的活动部件和轴等处加注润滑油，及时更换失效零件。

(3) 保持工具手柄清洁、干燥，并避免被油脂污染。

(4) 经常检查安装螺钉是否紧固，若发现螺钉松动，应立即重新拧紧，以免造成严重事故。

(5) 检查砂纸，一旦出现损坏则应及时更换。

(6) 定期检查导线有无损坏，发现损坏应及时更换。

(7) 定期检查和替换电刷。当电刷磨损到 6 mm 时就需要更换。要保持电刷的清洁，使其在夹内能自由滑动。

(8) 工具应收藏于干燥处。

四、电动针束除锈机

图 3-10 电动针束除锈机

电动针束除锈机是专门用于除锈的冲击式电动工具，如图 3-10所示，主要利用机件头部的钢条束的往复式冲击来除去工作表面的锈层，特别适用于对凹凸不平的表面进行除锈作业，如对金属构件进行除锈、对焊渣堆积物进行清理等。

五、电动角向钻磨机

电动角向钻磨机是一种可供钻孔和削磨两用的电动工具，操作时，当把工作部件换上钻夹头并装上麻花钻时，可对金属材料进行钻孔加工；若把工作部件换成橡胶轮，装上砂布、抛布轮时，可对制成品进行磨削或抛光加工。

由于钻头与电动机轴线成直角，所以它特别适用于空间位置受限制、不便使用普通电钻和磨削工具的场合，常用于建筑装修金属工程中，如对多种材料进行钻孔、清理毛刺表面、表面砂光以及雕刻制品等。所用的电动机是单相串励交直流两用电动机。电动角向钻磨机的性能用型号及钻孔最大直径表示，见表 3-15。

表 3-15　电动角向钻磨机的性能

型　号	钻孔直径 /mm	抛布轮直径 /mm	电压 /V	电流 /A	输入功率 /W	负载转速 /（r·min^{-1}）
回 JIDJ—125	6	100	220	1.75	370	1 200

电动角向钻磨机在使用时应注意以下几点：

（1）应注意保持工具清洁，每次使用完毕后应擦拭干净。

（2）按工具使用说明及时给工具的活动部件及转轴加注润滑油，及时更换失效的零件。

（3）保持工具手柄清洁、干燥，并避免油脂等污染。

（4）经常检查安装螺钉是否紧固，若发现螺钉松动，应立即重新拧紧，以免造成严重事故。

（5）定期检查导线有无破损，发现损坏应及时更换。

（6）定期检查和替换电刷。当电刷磨损到 6 mm 时就需要更换。

（7）工具应收藏于干燥处。

六、电动磨光、抛光两用机

电动磨光、抛光两用机主要用于木材、石材、钢材、塑料等表面的修整抛光、砂光、擦扫等，尤其适用于空间位置受到限制操作不方便的部位，其特点就是操作简便灵活。

1. 构造与原理

电动磨光、抛光两用机主要由电机、传动装置、机壳、工作头（抛光盘、抛光刷等）、手柄等组成。其原理是利用电机带动传动装置，使工作头高速旋转进行打磨和抛光。

2. 工作头的选择

根据工作内容选择好机具以后，还要根据具体工艺要求选择好工作头。电动磨光抛光两用机的工作头有磨料圆盘、橡胶垫加感应砂纸、杯形钢丝刷、羊绒抛光刷等。选择工作头，先根据磨光抛光两用机的型号确定工作头的直径，然后结合加工工件的材质及打磨抛光光洁度的要求选定工作头的型号。如磨料圆盘的选用，当光洁度要求低时，选用大粒度的，当光洁度要求高时，应选用小粒度的。

3. 操作要点

操作时，操作者必须站稳，紧握机具，先开机待其达到最大转速时，缓慢地将工作头置于工件表面，让磨削砂轮的边端与工件保持 10°左右的角度，当工件磨削、抛光达到要求时，缓慢地将机具的工作头从工件上拿开，然后再关机。砂轮的安装：先关掉电源，把塑料垫在主轴上，再把砂轮、橡胶垫、紧固螺丝依次放在塑料垫上，然后捏住塑料扩建的边端，用六角扳手把紧固螺丝拧紧即可，卸下砂轮时，与安装的顺序相反。其他工作头的安装和拆卸与砂轮的装拆一样。

4. 安全操作规程

（1）工前检查：确保供电电源与机具所需用电指标相符；检查机具的开关是否灵活，各部螺栓是否紧固，机罩是否破损，工作头是否有裂纹，电线接头与接地是否良好等。

（2）操作者必须站在平稳的地方操作，双手握紧机具，在适当的转速下进行操作。

（3）操作中不可脱手放开正在转动着的机具。

(4) 刚使用完后在机具停止转动前不要立即将机具放在有许多细屑、污物和灰尘的地方。

(5) 使用中不得使工具受撞击，以免砂轮砂裂伤人。

(6) 防止过载操作使用机具。

(7) 必须在停机断电的状况下更换工作头，操作时不宜用手触摸转动的部分。

5. 维护与保养

(1) 机具使用完毕后应及时清理干净，并按说明书的要求及时加注润滑油，更换失效的零部件。

(2) 保持机具手柄清洁、干净，避免油脂等的污染。

(3) 若发现螺栓松动，应及时拧紧，否则容易导致严重事故。

(4) 机具不使用时，应存放于干净干燥处。

(5) 定期检查和更换碳刷。

七、手提式电刨

手提式电刨主要用于木材表面的刨削、裁口、刨光刨平、修边等操作。手提式电刨的特点是结构紧凑，体积小，便于携带，操作灵活，不受场地、部位的限制。

使用电刨不仅有利于加快施工进度，降低劳动强度，而且对提高操作质量有重要的作用。

1. 构造与原理

手提式电刨由电机、外壳、传动机构、刀片夹、刀片（工作头)、切削量调节手柄、护板和把手等组成。其工作原理是：电机带动传动装置，使刀体作高速旋转，达到刨削的目的。

2. 刀片的选用

电刨的刀片有两种：一种是高速钢刀片，如博世牌 GH020－82（牧田型），这种刀片为常用的刀片；另一种为硬质合金刀片，如博世牌 PHO15－82，这种刀片适合于较硬质的木材刨削。选用刀片时，必须先根据电木刨的型号选择刀片的尺寸，然后再根据加工工件的材质硬度确定选用哪种刀片。

3. 操作要点

（1）工件必须固定牢固，已安装完的木构件也必须保持其稳固，否则无法操作。

（2）按加工要求即粗刨还是精刨调节好深度加工切削量，其方法是用一只手握住深度调节把手，另一只手紧握工具手柄进行调节。

（3）电机启动前，先将刨削口的前端平放在工件的开端处，而刨削刀口暂不要接触工件。

（4）启动开关，使电刨的刀口沿着工件平稳缓慢地推进切入工件，操作中自始至终底面与工件保持水平状态，以保证工件刨削表面的平整光滑。

（5）较长的工件，用机具前端的螺栓将导刨器固定在刨身的一侧，当推动机具前进时，保持与工件在同一直线。

（6）如需裁口，将导刨器装在机具的一侧，然后将它调节在工件需刨削槽的宽度位置，沿着边沿已设定的距离进行刨削。

（7）刨削棱边时，底板前部中央有一道精确的槽沟，这道槽沟是作为工件棱边刨削倒角之用的。将前部底板的90°槽沟吻合在工件棱边上，斜着推进机具。

4. 安全操作规程

（1）作好工前检查，供电电源应与机具所需电源相符，零部件必须无裂纹，紧固稳定可靠，刨刃安装正确，紧固牢靠。

（2）启动时，运动部分不得用手触摸。

（3）检查工件，不得有铁钉或其他硬物，以免发生事故。

（4）刀具咬住工件时，不要强行推动机具，而应停机查明原因。

（5）电机启动时有冲力，机具容易从操作者手中脱出，所以应握紧机具。

（6）操作中，工件应保持平衡，不得偏斜。

（7）离开工件后，不要将还在运动的刃具对人，不要把它搁下。

（8）不要将机具、导线接近热源、油类和锐利物品，换用零部件或刀片时，应在停机断电的状态下进行。

5. 维护与保养

（1）操作前，应认真检查各零部件和电源导线，如有损坏应及时更换；应认真检查螺栓是否紧固，发现松动应及时拧紧。

（2）操作中间停歇时，应等转动完全停止后再把机具稳放在清洁干净的地方。

（3）使用完毕后应及时将机具清理擦洗干净，加注润滑油，拿回库房后应放在清洁、干燥的地方进行保存。

第六节　装饰机具使用过程中的一般注意事项

装饰机具的普遍使用，有利于加快施工速度，提高质量和工效，降低操作工人的劳动强度。但如果不能正确使用，不能遵守安全操作规程，不能很好地对施工机具进行正确的维修、保养，很容易发生机具损坏，甚至机械事故和安全事故。所以使用装饰机具进行施工，务必严格遵守安全操作规程，及时对施工机具进行有效的良好的维护、维修和保养，避免在使用中发生事故，以提高机具的利用率，延长使用寿命，降低成本支出。

一、施工机具的安全操作

（1）根据施工的具体条件，正确选用施工机具。施工机具的选用必须与施工的具体条件相适应。如动力源情况、施工部位的技术条件等。在潮湿的环境条件下使用电动机具，应选择双绝缘的。又比如需要在混凝土结构上开洞，是选用手电钻、电锤，还是选择专用开孔机具或冲击钻，这就要考虑结构的厚度、混凝土强度等级、具体施工部位、操作方便与否等因素。其原则是：一要满足开孔的要求，能准确地在混凝土结构上开出孔，不破坏结构的其他部分；二要有利于安全操作，保证操作人员顺利安全地完成开孔任务，而不发生任何机械、人身伤害。

（2）认真阅读机具的产品说明书，审核安全操作规程。尤其是临时借用的机具，要同时借阅产品说明书和安全操作规程。机具出厂时，都附有产品说明书，要从产品说明书上了解该机具的动力源情况，使用电源的机具，必须知道该机具适用的电压、电流等情况，同时核对现场提供的电源是否与施工机具所需的电压、电流相适应。特殊要求的安全操作规程，操作人员必须牢记，因为违反操作规程很容易发生机具损坏甚至人身事故。

二、施工机具的维护与保养

良好的机具维护保养，既是满足施工的客观需要，也是降低生产成本的客观要求，同时也有利于安全操作。所有的机具都需要进行日常保养，发现机具有问题，要及时进行检查修理，避免机具带病作业。

（1）电动机具的电源导线要经常保持完好，避免漏电伤人。一般装饰机具的电源线都是全封闭的，不能随意自行拆换。从插头到机身这段导线要保持良好的绝缘，一旦发现破损，轻微的要用绝缘胶布缠好，严重的要及时更换，或者到机修部进行更换。

（2）施工机具使用完后要及时收回入库保管。尤其是手持式小型的施工机具不能随意放在作业面上，避免丢失和非操作工人使用。

（3）随时检查机电各部件的完好情况，发现螺丝松动要及时紧固，润滑部分要及时添加润滑油，保持机具状况良好。

（4）操作中发生松动、断裂、打滑等不利于正常使用的毛病时，绝不能勉强使用，一定要及时进行维修。对判定确已失去使用功能的机具，又无法维修、更换零配件时，应及时报废。

第四章　金属装饰施工

第一节　金属构件安装

一、金属吊顶安装

金属装饰板吊顶，包括各种金属条板、金属方板和金属搁栅的安装吊顶，是以加工好的金属条板卡在铝合金龙骨上，或是将金属条板、方板、搁栅用螺钉或自攻螺钉将条板固定在龙骨上。这种金属板安装完毕，不需要在表面再做其他装饰。

吊顶从它的形式分有直接式和悬吊式两种。基于悬吊式吊顶是目前采用最广泛的技术，本章就着重介绍悬吊式吊顶。

悬吊装配式顶棚的构造主要由基层、悬吊件、龙骨和面层组成。

（1）基层。基层为建筑物结构件，主要为混凝土楼（顶）板或屋架。

（2）悬吊件。悬吊件是悬吊式顶棚与基层连接的构件，一般埋在基层内，属于悬吊式顶棚的支撑部分。其材料可以根据顶棚不同的类型选用镀锌铁丝、钢筋、型钢吊杆（包括伸缩式吊杆）等。

（3）龙骨。龙骨是固定顶棚面层的构件，并将承受面层的重量传递给支撑部分。

（4）面层。面层是顶棚的装饰层，使顶棚达到既具有吸声、隔热、保温、防火等功能，又具有美化环境的效果。

（一）暗龙骨吊顶工程

1. 轻钢龙骨

（1）材料质量要求。吊顶轻钢龙骨按材料分，有镀锌钢带龙骨、铝带龙骨、铝合金龙骨和薄壁冷轧退火卷带龙骨；按承载能力分，有上人龙骨和不上人龙骨；按外形分，有U型龙骨和T型龙骨；按用途分，有大龙骨、中龙骨、小龙骨、边龙骨和配件。轻钢龙骨一般可用于工业与民用建筑物的装饰、吸声顶棚吊顶，其质量要求见表4-1～表4-4，其技术性能、产品规格见表4-5及表4-6。

表4-1　轻钢龙骨断面规格尺寸允许偏差　　mm

<table>
<tr><th colspan="3">项　目</th><th>优等品</th><th>一等品</th><th>合格品</th></tr>
<tr><td colspan="3">长度 L</td><td colspan="3">+30
−10</td></tr>
<tr><td rowspan="3">覆面龙骨断面尺寸</td><td rowspan="2">尺寸A</td><td>$A\leqslant30$</td><td colspan="3">±1.0</td></tr>
<tr><td>$A>30$</td><td colspan="3">±1.5</td></tr>
<tr><td colspan="2">尺寸 B</td><td>±0.3</td><td>±0.4</td><td>±0.5</td></tr>
<tr><td rowspan="3">其他龙骨断面尺寸</td><td colspan="2">尺寸 A</td><td>±0.3</td><td>±0.4</td><td>±0.5</td></tr>
<tr><td rowspan="2">尺寸 B</td><td>≤30</td><td colspan="3">±1.0</td></tr>
<tr><td>>30</td><td colspan="3">±1.5</td></tr>
</table>

表4-2　轻钢龙骨角度允许偏差

成形角的最短边尺寸/mm	优等品	一等品	合格品
10～18	±1°15′	±1°30′	±2°00′
>18	±1°00′	±1°15′	±1°30′

表4-3　轻钢龙骨外观质量

<table>
<tr><th>缺陷种类</th><th>优等品</th><th>一等品</th><th>合格品</th></tr>
<tr><td>腐蚀、损坏黑斑、麻点</td><td>不允许</td><td colspan="2">无较严重腐蚀、损坏黑斑、麻点。面积不大于1 cm² 的黑斑每米长度内不多于5处</td></tr>
</table>

表 4-4　轻钢龙骨表面质量

项　目	优等品	一等品	合格品
双面镀锌量/（$g\cdot m^{-2}$）	120	100	80

表 4-5　技术性能及参数

项　目	技术指标	备　注
双面镀锌量	120 g/m^2	国标规定≥80 g/m^2
长度误差	+10、−5 mm（OB）	国标规定+30、−10 mm
弯曲内角半径	1.25～2.25 mm	GB 11981−89
角度偏差	±1°	国标规定±1°30′
平直度	底面 1.0 mm/m	国标规定 2.0 mm/m

表 4-6　吊顶龙骨产品标记与规格

类　别	产品标记	断面图形	规格/mm	质量/（$kg\cdot m^{-1}$）	备　注
覆面龙骨	LLD−CB		60×27×0.60	0.575	可作承载龙骨
			60×27×0.70	0.672	
	LLD−CB		50×20×0.50	0.386	
			50×20×0.60	0.463	
			50×20×0.70	0.540	
			50×19×0.50	0.382	
	LLD−CB		25×20×0.50	0.2886	
			25×20×0.60	0.364	
			25×20×0.70	0.404	
承载龙骨	LLD−CS		60×27×1.2	1.086	
			60×27×1.5	1.357	
	LLD−UB		38×12×1.2	0.56	

（2）安装要求。

1）施工准备与要求。轻钢及铝合金吊顶龙骨安装之前，应进行图纸会审，明确设计意图和吊顶构造特点。根据吊顶面积、饰面板材的安装方法及品种规格等因素，按设计要求对吊顶骨架进行合理布局，排列出纵横龙骨的设置关系和尺寸距离，绘制出施工组装平面图。以图纸为依据，统计出龙骨主件及各种配件的数量，进货验收准确无损后，用型材切割机分别截取所需的龙骨段备用。

吊顶与主体结构的连接，是关系到整个吊顶是否牢固和安全的重要环节，必须根据吊顶材料的品种、规格、性能及吊顶构造的承载功能和使用要求等条件，由设计者经过验算确定。上人吊顶悬吊点的紧固方式，主要有两种类型，一是与建筑楼板结构配合施工，事先采取预埋措施，传统的做法有预埋铁件或采用短筋法（在楼板的细石混凝土整浇层预埋 ϕ10～ϕ12 钢筋段）和通筋法（预埋通长钢筋），将吊顶吊筋的一端打弯钩勾挂其上，另一端抽出，可直接与吊顶的主龙骨连接或是另焊接吊顶吊杆；再一种做法是不设预埋，在楼板底面的吊点部位用金属胀铆螺栓固定焊接钢板，在钢板上焊固 ϕ10 钢筋吊环，在吊环上钩挂吊顶吊杆，见图 4-1 所示。对于不上人的轻型吊顶，其吊点紧固件的安装方式较多，可以采用射钉或胀铆螺栓固定角钢连接件，或者以带孔射钉直接固定镀锌钢丝等。

①安装工序。吊顶安装前在四周墙壁上按设计标高找出标高基准线，然后固定吊杆。先固定主龙骨，主龙骨安装完成后要整体找平和调整；再安装中龙骨、小龙骨。

②工程要求。对于未镀锌的安装件（吊杆），安装前必须刷防锈漆两遍。现场焊接部分应补刷防锈漆。吊杆不允许用钢丝代用。轻钢龙骨安装完成后要进行整体找平，不允许龙骨面有下垂现象，允许起拱 5‰，以保证顶棚板安装后顶棚面保持水平。

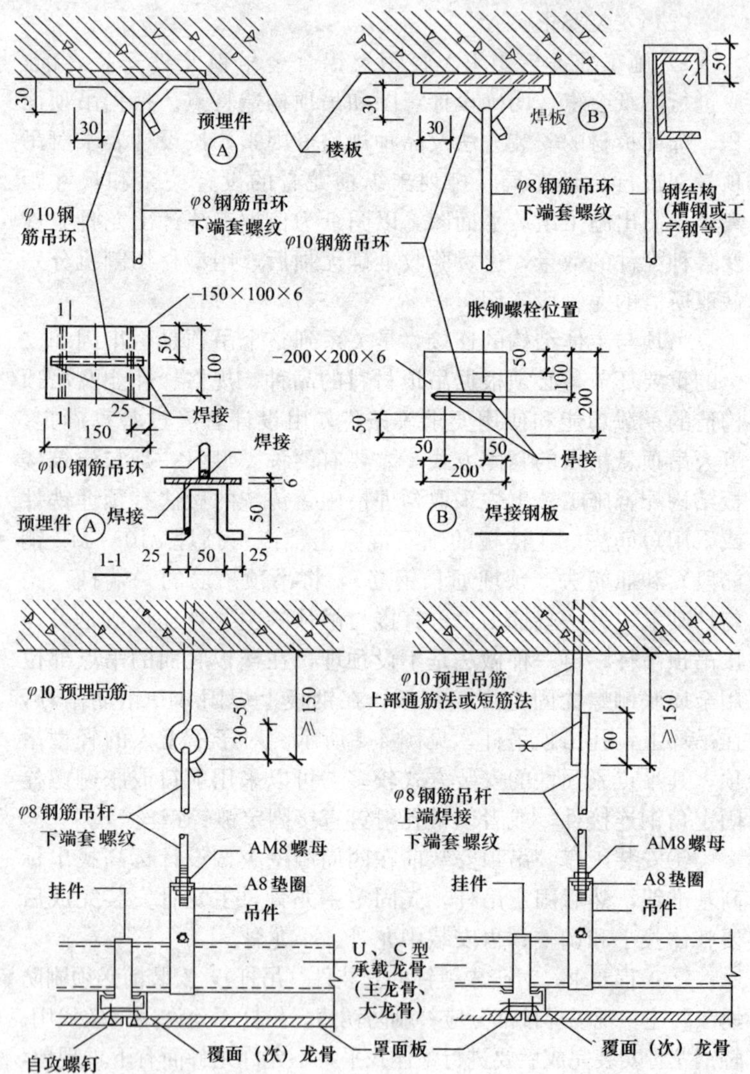

图 4-1 上人吊顶吊点紧固方式及悬吊构造节点

2）施工工艺。

①弹线定位。采用吊线锤、水平尺或用透明塑料软管注水后进行测量等方法，根据吊顶的设计标高在四周墙（柱）面弹线，其水平允许偏差±5 mm。根据设计标高线分别确定并弹出边龙骨（或通长木方及其他边部支承材料）及承载龙骨所处部位的平面基准线，按龙骨间距尺寸弹出龙骨纵横布置的框格线，并确定吊点（有预埋件或连接件者即与之相应的悬吊点）。如果有与吊顶构造相关的特殊部位，如检修马道或吊挂设备等，应注意吊顶构造必须与其脱开距离。

对于吊顶吊点的现场确定及其紧固措施，应事先经设计部门的同意，必须充分考虑吊点所承受的荷载，同时考虑建筑顶棚本身的强度。吊顶各部位的吊点间距、承载龙骨中距、吊点距承载龙骨端部的距离（不得超过 300 mm）等尺寸关系，均应严格照设计的规定，以防止承载龙骨下坠及其他不安全现象的发生。

②固定吊点及安装吊杆。依据设计所选定的方式方法进行龙骨骨架悬吊点的处理，将吊杆与吊点紧固件精确连接。对于有预埋件的，即将吊杆与预埋件焊接、勾挂、拧固或用其他方式连接，焊接时必须与预埋吊筋做搭接焊，钢筋吊杆直径不小于 6 mm，与预埋吊筋的搭接长度不小于 60 mm，焊缝应饱满，焊接部位应涂刷防锈涂料。不设预埋者，于吊点中心固定五金件或其他吊点紧固材料。目前用于轻型吊顶的吊点紧固方式，采用金属胀铆螺栓的做法较为普遍，如果采用将钢筋吊杆与胀铆螺栓焊接的方法，应必须保证胀铆螺栓螺杆的长度，其搭接焊必须符合焊接施工规范。

应计算好吊杆的长度尺寸，需要套螺纹的应注意套螺纹尺寸留有余地以备紧固和调节，并选配好螺母。

③固定吊顶边部骨架材料。吊顶边部的支承骨架应按设计的要求加以固定。

对于无附加荷载的轻便吊顶，其 L 型轻钢龙骨或角铝型材等，较常用的设置方法是用水泥钉按 400～600 mm 的钉距与墙、柱面固定。应注意建筑基体的材质情况，对于有附加荷载的吊顶，或是有一定承重要求的吊顶边部构造，有的需按900～1 000 mm 的间距预埋防腐木砖，将吊顶边部支承材料与木砖固定。无论采用何种做法，吊顶边部支承材料底面应与吊顶标高基准线水平（罩面板钉装时应减去板材厚度）且必须牢固可靠。

④安装主龙骨。轻钢龙骨顶棚骨架施工，先高后低。主龙骨间距一般为 1 000 mm。离墙边第一根主龙骨距离不超过 200 mm（排列最后距离超过 200 mm 应增加一根），接头要错开，不可与相邻龙骨接头在一条直线上，吊杆的方向也要错开，避免主龙骨向一边倾倒。吊杆一般轻型用 $\phi6$，重型（上人）用 $\phi8$，如吊顶荷载较大，需经结构计算，选定吊杆断面。

主龙骨和次龙骨要求达到平直，为了消除顶棚由于自重下沉产生挠度和目视的视差。可在每个房间和中间部位，用吊杆螺栓进行上下调节，预先给予一定的起拱量，一般视房间的大小分别起拱 5～20 mm 不一，待水平度全部调好后，再逐个拧紧吊杆螺母。如顶棚需要开孔，先在开孔的部位画出开孔的位置，将龙骨加固好，再用钢锯切断龙骨和石膏板，保持稳固牢靠。

顶棚板的分隔应在房间中部，做到对称，轻钢龙骨和板的排列可从房间中部向两边依次安装，使顶棚布置美观整齐。

轻钢龙骨安装示意见图 4-2；吊顶详细构造见图 4-3。

安装主龙骨时，对于轻钢龙骨系列的重型大龙骨 U 型、C 型，以及轻钢或铝合金 T 型龙骨吊顶中的主龙骨，其悬吊方式取决于设计。与吊杆连接的龙骨安装主要有三种方法，一是有附加荷载的吊顶承载龙骨，采用承载龙骨吊件与钢筋吊杆下端套螺纹部位连接，拧紧螺母卡稳卡牢；二是无附加荷载的 C 型轻钢龙骨单层构造的吊顶主龙骨，采用轻型吊件与吊杆连接，一般是利用吊件上的弹簧钢片夹固吊杆，下端钩住 C 型龙骨槽口两侧；第三种方法是对于轻便吊顶的 T 型主龙骨，可以采用其配套的T型龙骨吊件，上部连接吊杆，下端夹住T型龙骨，有的则是直接将镀锌钢丝吊杆穿过龙骨上的孔眼勾挂绑扎。

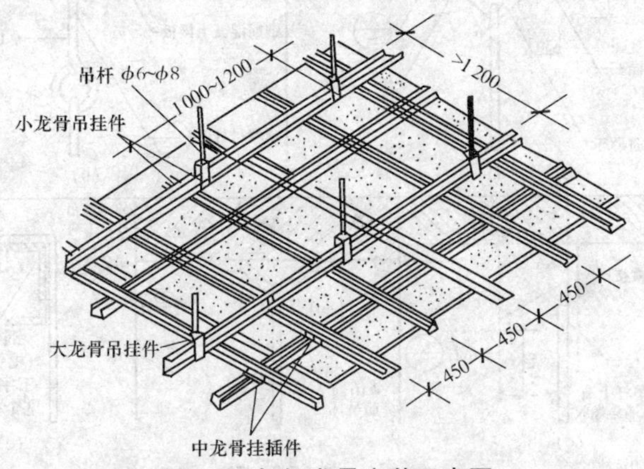

图 4-2 轻钢龙骨安装示意图

主龙骨安装就位后，以一个房间为单位进行调平。调平方法可采用木方按主龙骨间距钉圆钉，将龙骨卡住先做临时固定，按房间的十字和对角拉线，根据拉线进行龙骨的调平调直。根据吊件品种，拧动螺母或是通过弹簧钢片，或是调整钢丝，准确后再行固定。为使主龙骨保持稳定，使用镀锌钢丝作吊杆者宜采取临时支撑措施，可设置木方上端顶住顶棚基体底面，下端顶稳主龙骨，待安装吊顶板前再行拆除。

施工顶棚安装轻钢龙骨时，不能一开始将所有卡夹件都夹紧，以免校正主龙骨时，左右一敲，夹子松动，且不易再夹紧，影响牢固。正确的方法是：安装时先将次龙骨临时固定在主龙骨上，每根次龙骨用两只卡夹固定，校正主龙骨平正后再将所有的卡夹一次全部夹紧，顶棚骨架就不会松动，减少变形。遇到观众厅、礼堂、展厅、餐厅等大面积房间采用轻钢龙骨吊顶时，需每隔 12 m 在大龙骨上部焊接横卧大龙骨一道，以加强大龙骨的侧向稳定及吊顶整体性。

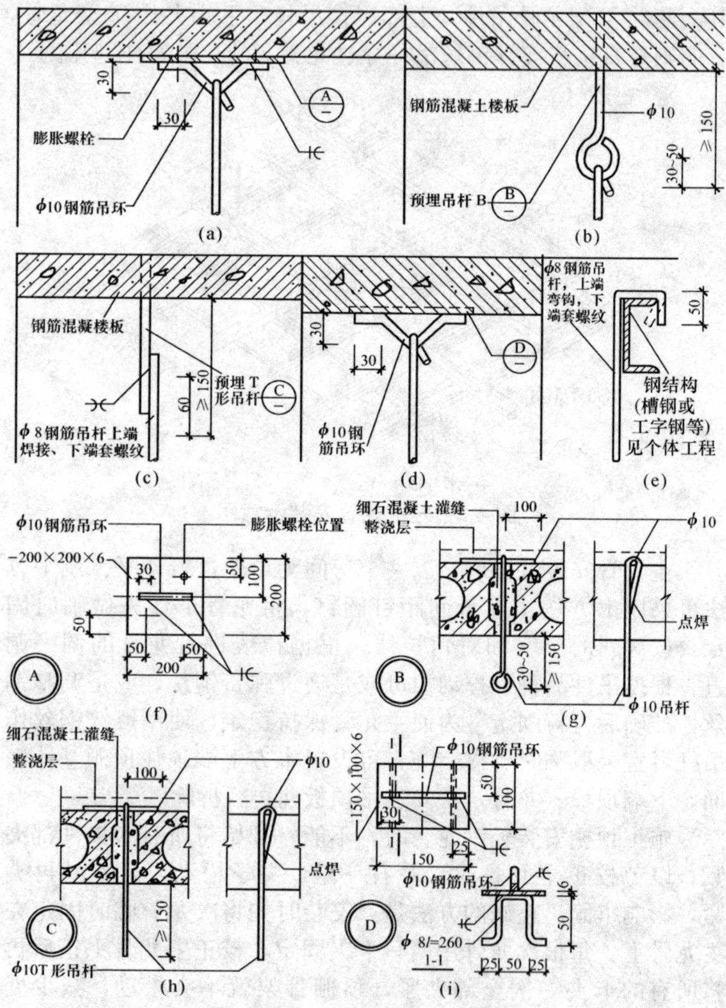

图 4-3 吊点构造详图

(a)、(b)、(c)、(d)、(e) 吊点构造；(f)、(g)、(h)、(i) 配件

轻钢大龙骨可以焊接，但宜点焊，防止焊穿或杆件变形。轻钢次龙骨太薄不能焊接。

⑤安装次龙骨。对于双层构造的吊顶骨架，次龙骨紧贴承载主龙骨安装，通长布置，利用配套的挂件与主龙骨连接，在吊顶平面上与主龙骨相垂直，它可以是中龙骨，有时则根据罩面板的需要再增加小龙骨，它们都是覆面龙骨。次龙骨（中龙骨及小龙骨）的中距由设计确定，并因吊顶装饰板采用封闭式安装或是离缝及密缝安装等不同的尺寸关系而异。对于主、次龙骨的安装程序，由于其主龙骨在上，次龙骨在下，所以一般的做法是先用吊件安装主龙骨，然后再以挂件在主龙骨下吊挂次龙骨。挂件（或称吊挂件）上端钩住主龙骨，下端挂住次龙骨即将二者连接。

对于单层吊顶骨架，其次龙骨即是横撑龙骨。主龙骨与次龙骨处于同一水平面，主龙骨通长设置，横撑（次）龙骨按主龙骨间距分段截取，与主龙骨丁字连接。主、次龙骨的连接方式取决于龙骨类型。对于以C型轻钢龙骨组装的单层构造吊顶骨架，其主、次龙骨均为C型，在吊顶平面上的主次龙骨垂直交接点，即采用其配套的挂插件（支托），挂插件一方面插入次龙骨内托住C型龙骨段，另一方面勾挂住主龙骨即将二者连接。对于T型轻金属龙骨组装的单层构造吊顶骨架，其主、次龙骨的连接通常有多种情况，一是T型龙骨侧面开有圆孔和方孔，圆孔用于悬吊，方孔则用于次龙骨的凸头直接插入。二是对于不带孔眼的T型龙骨，可在次龙骨段的端头剪出连接耳（或称连接脚），折弯90°与主龙骨用拉铆钉、抽芯铆钉或自攻螺钉进行丁字连接；或是在主龙骨上打出长方孔，将次龙骨的连接耳插入方孔。第三种做法是采用角形铝合金块（或称角码），将主次龙骨分别用抽芯铆钉或自攻螺钉固定连接。再一种做法是对于小面积轻型吊顶，其纵、横T型龙骨均用镀锌钢丝分股悬挂，调平调直，只需将次龙骨搭置于主龙骨的翼缘上即可，待搁置安装吊顶板后，其骨架自然稳定。其他尚有剔槽、钻孔、用钢丝绑扎等方法，可根据工程实际需要确定。

⑥双层骨架构造的横撑龙骨安装。对于U型、C型轻钢龙骨的双层吊顶骨架构造，其覆面层是否设置横撑龙骨，由设计确定。横撑龙骨的位置，即是大块矩形罩面板的短边接缝位置。以纸面石膏板为例(图4-4)，根据施工及验收规范的规定，纸面石膏板的长边（包封边）应沿纵向次龙骨铺设，为此纸面石膏板的短边（切割边）拼接处即形成接缝。因为这种板材罩面铺钉后要进行嵌缝处理并且尚有下一步的装饰（涂料涂饰或裱糊壁纸等），所以在保证吊顶安装质量的前提下可以不设横撑龙骨。但在相对湿度较大的地区，必须设置横撑龙骨。

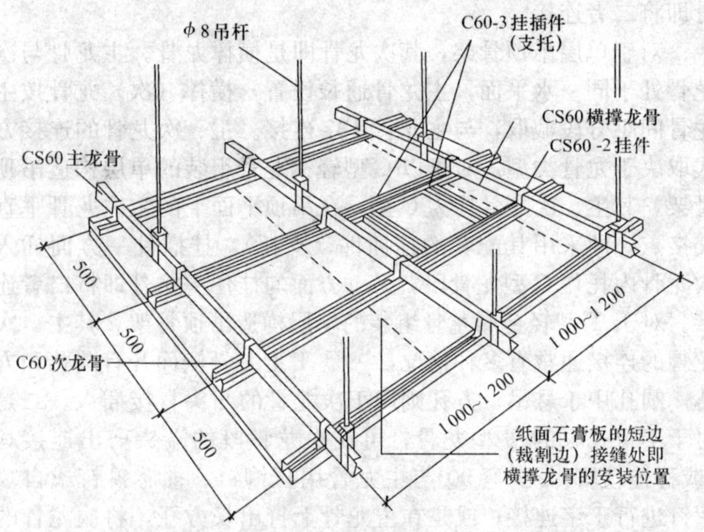

图4-4 纸面石膏板罩面CS60轻钢龙骨上人吊顶安装示意

对于以轻钢U型（或C型）龙骨为承载龙骨，以T型金属龙骨作覆面龙骨的双层吊顶骨架，一般需设置横撑龙骨。特别是吊顶饰面板作明式安装时，则必须设置横撑龙骨。

C 型轻钢吊顶龙骨的横撑龙骨由 C 型次龙骨截取，与纵向的次龙骨的丁字交接处，采用其配套的龙骨支托（挂插件）将二者连接固定。双层骨架的 T 型龙骨覆面层的 T 型横撑龙骨安装，根据其龙骨材料的品种类型确定。

2. 铝合金龙骨

(1) 材料质量要求。铝合金龙骨具有自身质量轻、刚度大、防火、耐腐蚀、华丽明净、抗震性能好、加工方便、安装简单等优点。

常用于活动式装配吊顶的有主龙骨、次龙骨及边龙骨。如用于其他明龙骨吊顶时，次龙骨（包括中龙骨和小龙骨）、边龙骨采用铝合金龙骨，外露部分显得比较美观，而承担负荷的主龙骨（即大龙骨）采用钢制的。所用吊杆均为钢制。铝合金龙骨适用于室内装饰要求较高的走廊、厅堂、卫生间等顶棚之装饰。

1）主龙骨（大龙骨）。主龙骨的侧面有长方形孔和圆形孔。方形孔供次龙骨穿插连接，圆形状供悬吊固定。其断面及立面如图 4-5 所示。

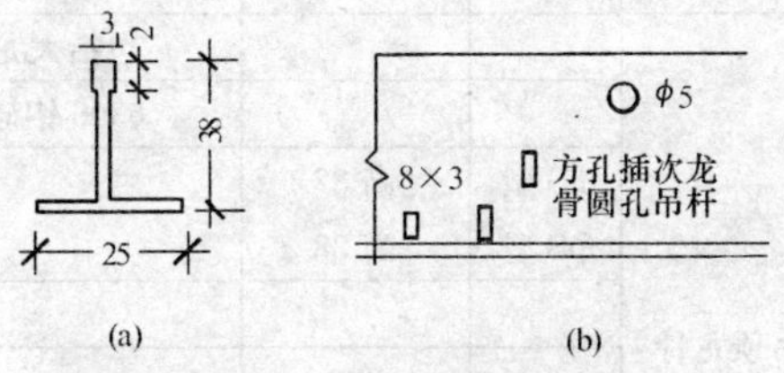

图 4-5 铝合金主龙骨断面和立面

(a) 断面；(b) 立面

2）次龙骨（中、小龙骨）。次龙骨的长度，根据罩面板的规格下料。在次龙骨的两端，为了便于插入主龙骨的方眼中，要加工成“凸头”形状。其断面及立面如图 4-6 所示。为了使多根次龙骨在穿插连接中保持顺直，在次龙骨的凸头部位弯了一个角度，使两根次龙骨在一个方眼中保持中心线重合。

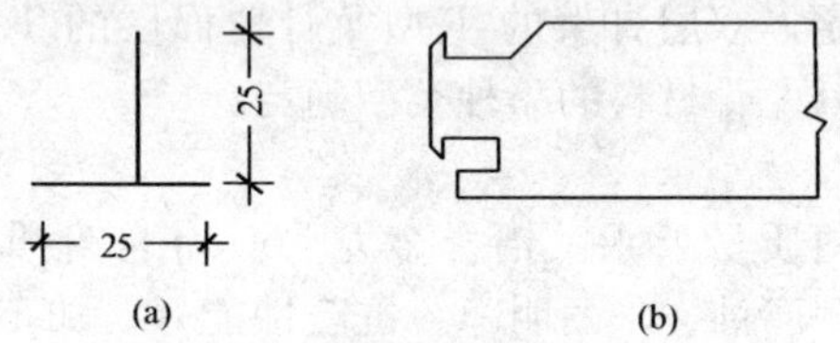

图 4-6　铝合金次龙骨断面和立面

（a）断面；（b）立面

3）边龙骨。边龙骨亦称封口角铝。其作用是吊顶毛边及检查部位等封口，使边角部位保持整齐、顺直。边龙骨有等肢与不等肢差别，一般常用 25 mm×25 mm 等肢角边龙骨，色彩与板的色彩相同。

铝合金吊顶龙骨的品种、规格等见表 4-7。

表 4-7　铝合金吊顶龙骨的品种、规格

品　种	代　号	规格/mm	简要说明
铝合金 T 型吊顶龙骨			包括大龙骨及附件
			6306 铝硅镁系合金
	hS 型 pS 型	高 32 高 38	
		300 600 900 1 200	
			包括矿棉吸声板

续表

品　种	代　号	规格/mm	简要说明
铝合金中龙骨 铝合金横撑龙骨 铝合金边龙骨			
铝合金T型主龙骨 铝合金T型平面龙骨 铝合金T型边龙骨			
铝合金大T型 铝合金小T型 铝合金角条	T_1 T_2 L	30×23 25×23 20×20	
铝合金T型吊顶			
铝小龙骨 铝平顶中筋 铝边龙骨 钢大龙骨 配　件	T T L [	22×22×1.3 32×22×1.3 22×22×1.3 45×15×1.2	长3 m或0.6 m三倍数 长0.596 m 长3 m或0.6 m三倍数 长2 m 包括全部配件
铝龙骨 铝平顶筋 铝天花板 吊挂件			负责全部安装工作

(2) 安装要求。

1) 施工准备。

①检查结构施工情况。吊顶施工前，应对照吊顶设计图，检查结构尺寸是否同建筑设计相符。除复核结构空间尺寸外，特别要注意结构是否有需要处理的质量问题。如钢筋混凝土的蜂窝麻面，有无超过规范所规定的要进行处理的裂缝等结构上所遗漏的问题。如这些问题不处理，则会对吊顶施工产生一定影响。

②检查设备安装情况。吊顶施工前，检查设备管道是否安装完毕，如果是交叉施工，对于某些部位，要进行妥善安排。交叉施工也是可以的。但对绝大多数工程来说，这种大面积的交叉施工，是不宜提倡的。

③编制施工组织设计。根据工程的具体情况，编制分部工程施工组织设计。

2）施工程序。铝合金龙骨吊顶施工程序：弹线定位→固定悬吊体系→安装与调平龙骨。

3）施工操作。

①弹线定位。放线主要是弹标高线和龙骨布置线。

a. 根据设计图纸，结合具体情况，将龙骨及吊点位置弹到楼板底面上。如果吊顶设计要求具有一定造型或图案，应先弹出吊顶对称轴线，龙骨及吊点位置应对称布置。龙骨和吊杆的间距、主龙骨的间距是影响吊顶高度的重要因素。不同的龙骨断面及吊点间距，都有可能影响主龙骨之间的距离。各种吊顶、龙骨间距和吊杆间距一般都控制在 1.0～1.2 m 以内。弹线应清晰，位置准确。

铝合金板吊顶，如果是将板条卡在龙骨之上，龙骨应与板成垂直：如用螺钉固定，则要看板条的形状，以及设计上的要求而具体掌握。

b. 确定吊顶标高。将设计标高线弹到四周墙面或柱面上，如果吊顶有不同标高，那么应将变截面的位置弹到楼板上。然后，再将角铝或其他封口材料固定在墙面或柱面，封口材料的底面与标高线重合，角铝常用的规格为 25 mm×25 mm，铝合金板吊顶的角铝应同板的色彩一致。角铝多用高强水泥钉固定，亦可用射钉固定。

②悬吊形式。采用简易吊杆的悬吊有三种形式。

a. 镀锌钢丝悬吊。由于活动式装配吊顶一般不做上人考虑，所以在悬吊体系方面也比较简单。目前用得最多的是用射钉将镀锌钢丝固定在结构上，另一端同主龙骨的圆形孔绑牢。镀锌钢丝不宜太细，如若单股使用，不宜用小于 14 号的钢丝。

b. 伸缩式吊杆悬吊。伸缩式吊杆的形式较多，用得较为普遍的是将 8 号钢丝调直，用一个带孔的弹簧钢片将两根钢丝连起来，调节与固定主要是靠弹簧钢片。当用力压弹簧钢片时，将弹簧钢片两端的孔中心重合，吊杆就可伸缩自由。当手松开后，孔中心错位，与吊杆产生剪力，将吊杆固定。铝合金板吊顶，如果选用将板条卡到龙骨与板条配套使用的龙骨断面，宜选用伸缩式吊杆。龙骨的侧面有间距相等的孔眼，悬吊时，在两侧面孔眼上用钢丝拴一个圈或钢卡子，吊杆的下弯钩吊在圈上或钢卡上。

c. 简易伸缩吊杆悬吊。上述介绍的均属简易吊杆，构造比较简单，一般施工现场均可自行加工。稍复杂一些的是游标深度尺式伸缩吊杆，虽然伸缩效果较好，但制作比较麻烦。有些上人吊顶，为了安全起见，也选用圆钢或角钢做吊杆，但龙骨也大部分采用普通型钢。至于选用何种材料，从悬挂的角度上说，只要安全方便即可。

③吊杆或镀锌钢丝的固定。与结构一端的固定，常用的办法是用射钉枪（亦称石屎枪）将吊杆或镀锌钢丝固定。可以选用尾部带孔或不带孔的两种射钉规格。如果选用尾部带孔的射钉，只要将吊杆一端的弯钩或钢丝穿过圆孔即可。如果射钉尾部不带孔，一般常用一块小角钢，角钢的一条边用射钉固定，另一条边钻一个 5 mm 左右的孔，然后再将吊杆穿过孔将其悬挂。悬吊宜沿主龙骨方向，间距不宜大于 1.2 m。在主龙骨的端部或接长处，需加设吊杆或悬挂钢丝。如若选用镀锌钢丝悬吊，不应绑在吊顶上部的设备管道上，因为管道变形或局部维修，对吊顶面的平整度带来影响。

如果用角钢一类材料做吊杆，则龙骨也大部分采用普通型钢，应用冲击钻固定胀管螺栓，然后将吊杆焊在螺栓上。吊杆与龙骨的固定，可以采用焊接或钻孔用螺栓固定。

④安装与调平龙骨。主、次龙骨宜从同一方向同时安装，其施工程序：就位→调平调直→边龙骨固定→主龙骨接长。

a. 就位。安装时，根据已确定的主龙骨（大龙骨）位置及确定的标高线，先大致将其基本就位。次龙骨（中、小龙骨）应紧贴主龙骨安装就位。

b. 调平调直。龙骨就位后，然后再满拉纵横控制标高线（十字中心线），从一端开始，一边安装，一边调整，最后再精调一遍，直到龙骨调平和调直为止。如果面积较大，在中间还应考虑水平线适当起拱。调平时应注意一定要从一端调向另一端，要做到纵横平直。

特别对于铝合金吊顶，龙骨的调平调直是施工工序比较麻烦的一道，龙骨是否调平，也是板条吊顶质量控制的关键。因为只有龙骨调平，才能使板条饰面达到理想的装饰效果，否则，波浪式的吊顶表面，宏观看上去很不顺眼。

c. 边龙骨固定。边龙骨宜沿墙面或柱面标高线钉牢。固定时，一般常用高强水泥钉，钉的间距不宜大于 50 cm。如果基层材料强度较低，紧固力不好，应采取相应的措施，改用胀管螺栓或加大钉的长度等办法。边龙骨一般不承重，只起封口作用。

d. 主龙骨接长。一般选用连接件接长。连接件可用铝合金，亦可用镀锌钢板，在其表面冲成倒刺，与主龙骨方孔相连。全面校正主、次龙骨的位置及水平度，连接件应错位安装。

4）施工要点。铝合金龙骨吊顶由主龙骨、次龙骨、边龙骨、连件，吊杆组成。铝合金龙骨应安装在轻钢龙骨主龙骨上，主要是增强铝合金龙骨吊顶整体强度。安装方法同轻钢龙骨安装，见图 4-7。

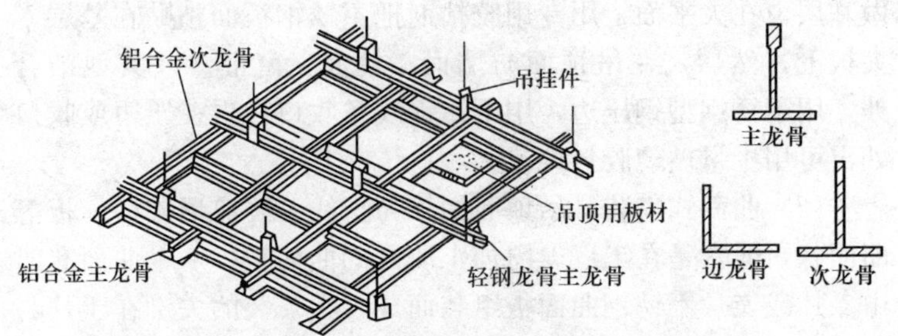

图 4-7　铝合金龙骨安装示意图（T 型龙骨）

①先安装轻钢龙骨主龙骨，再安装铝合金边龙骨、主龙骨、次龙骨。因为铝合金龙骨材质较软，安装时应轻拿轻放，不能扭曲，防止表面划伤。

②顶棚板安装时，首先要使板材的几何尺寸能适应铝合金龙骨吊顶所承受的荷载能力。如格构尺寸为 600 mm×900 mm、600 mm×1 200 mm 时，就不能安装石膏板，而只能安装矿棉板。

顶棚板的安装方式，见图 4-8。

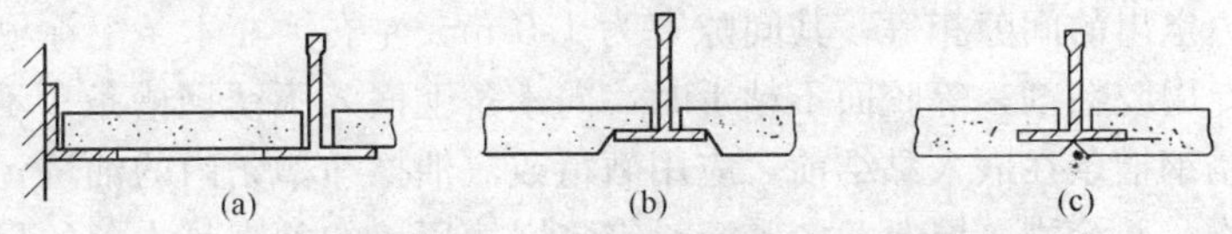

图 4-8　铝合金龙骨（T 型龙骨）顶棚板安装示意图

（a）平口；（b）凹口；（c）插口

3. 金属罩面板安装

金属罩面板大多是不锈钢装饰板，通常不锈钢装饰板吊顶的安装施工方式有平面式安装和曲面式安装两种。

(1) 平面式安装。由于不锈钢板往往很薄，因此，在吊顶平面上安装不锈钢罩面板，通常做成复合型板，即需用木夹板做基层，在大平面上用专用胶粘剂把不锈钢板面粘贴在基层木夹板上，然后，在吊顶面与墙面、柱面、窗帘盒及其他结合处，用不锈钢型钢压边，用不锈钢线条收口。再在压边或收口处，可用少量玻璃胶封口。

(2) 曲面式安装。吊顶面如果为折线、波浪形或格子板等曲面状，通常是在工厂专门加工所需的曲面板。一个曲面有时由二片或三片不锈钢曲面板组装而成，其安装的关键在于片与片之间的对口处。安装对口处时，不管是在平面上或曲面上安装不锈钢装饰板，其收口方式主要有直接卡口式和嵌槽压口式两种。

1) 直接卡口式。在相邻两片不锈钢板对口处，安装一个不锈钢卡口槽，该卡口槽用螺钉固定于吊顶骨架的凹部。安装吊顶面不锈钢板时，只要将不锈钢板一端的弯曲部，勾入卡口槽内，再用力推按不锈钢板的另一端，利于不锈钢板本身的弹性，使其卡入另一个卡口槽内。

2) 嵌槽压口式。先把不锈钢板在对口处的凹部用螺钉或铁钉固定，再把一条宽度小于凹槽的木条固定在凹槽中间，两边空出的间隙相等，其间隙宽为 1.0 mm 左右。在木条上涂刷专用胶粘剂，等胶面不粘手时，向木条上嵌入不锈钢槽条。不锈钢槽条在嵌入黏结前，应用酒精或汽油擦净槽条内的油迹污物，并涂刷一层薄薄的胶液。安装嵌槽压口的关键是木条的尺寸准确、形状规则。尺寸准确即可保证木条与不锈钢槽的配合松紧适度，安装时不需用锤大力敲击，避免损伤不锈钢槽面，可保证不锈钢槽面与吊顶罩面一致，没有高低不平现象。形状规则可使不锈钢槽嵌入木条后胶结面均匀，黏结牢固，防止槽面的侧歪现象。所以在木条安装前，应先与不锈钢试配，木条高度一般大于不锈钢槽边深度的0.5 mm。

(二) 明龙骨吊顶工程

明龙骨吊顶工程包括以轻钢龙骨、铝合金龙骨、木龙骨等为骨架，以石膏板、金属板、矿棉板、塑料板、玻璃板或格栅等为饰面材料的龙骨吊顶工程。

1. 材料质量要求

(1) 明龙骨吊顶工程所用木龙骨、轻钢龙骨、石膏板、金属板等材料要求与暗龙骨吊顶工程相同。

(2) 当吊顶饰面使用玻璃板时，应使用安全玻璃并应符合设计要求，玻璃应有出厂合格证。

2. 弹线与吊杆安装

(1) 弹线。用水准仪在房间内每个墙（柱）角上抄出水平点（若墙体较长，中间也应适当抄几个点），弹出水准线（水准线距地面一般为500 mm），从水准线量至吊顶设计高度加上12 mm（一层石膏板的厚度），用粉线沿墙（柱）弹出水准线，即为吊顶次龙骨的下皮线。同时，按吊顶平面图，在混凝土顶板弹出主龙骨的位置。主龙骨应从吊顶中心向两边分，最大间距为1 000 mm，并标出吊杆的固定点，吊杆的固定点间距900～1 000 mm。如遇到梁和管道固定点大于设计和规程要求，应增加吊杆的固定点。

(2) 吊杆安装。采用膨胀螺栓固定吊挂杆件。不上人的吊顶，吊杆长度小于1 000 mm，可以采用ϕ6的吊杆，如果大于1 000 mm，应采用ϕ8的吊杆，还应设置反向支撑。吊杆可以采用冷拔钢筋和盘圆钢筋，但采用盘圆钢筋时应采用机械将其拉直。上人的吊顶，吊杆长度小于1 000 mm，可以采用ϕ8的吊杆，如果大于1 000 mm，应采用ϕ10的吊杆，还应设置反向支撑。吊杆的一端同∟30×30×3角码焊接（角码的孔径应根据吊杆和膨胀螺栓的直径确定），另一端可以用攻丝套出大于 100 mm 的丝杆，也可以买成品丝杆焊接。制作好的吊杆应做防锈处理，吊杆用膨胀螺栓固定在楼板上，用冲击电锤打孔，孔径应稍大于膨胀螺栓的直径。

3. 吊顶龙骨安装

（1）边龙骨安装。边龙骨的安装应按设计要求弹线，沿墙（柱）上的水平龙骨线把 L 形镀锌轻钢条用自攻螺丝固定在预埋木砖上；如为混凝土墙（柱），可用射钉固定，射钉间距应不大于吊顶次龙骨的间距。

（2）主龙骨安装。

1）主龙骨应吊挂在吊杆上。主龙骨间距 900～1 000 mm。主龙骨分为轻钢龙骨和 T 形龙骨。轻钢龙骨可选用 UC50 中龙骨和 UC38 小龙骨。主龙骨应平行房间长向安装，同时应起拱，起拱高度为房间跨度的 1/300～1/200。主龙骨的悬臂段不应大于 300 mm，否则应增加吊杆。主龙骨的接长应采取对接，相邻龙骨的对接接头要相互错开。主龙骨挂好后应基本调平。

2）跨度大于 15 m 以上的吊顶，应在主龙骨上，每隔 15 m 加一道大龙骨，并垂直主龙骨焊接牢固。

3）如有大的造型顶棚，造型部分应用角钢或扁钢焊接成框架，并应与楼板连接牢固。

（3）次龙骨安装。次龙骨应紧贴主龙骨安装。次龙骨间距 300～600 mm。次龙骨分为 T 形烤漆龙骨、T 形铝合金龙骨，和各种条形扣板厂家配带的专用龙骨。用 T 形镀锌铁片连接件把次龙骨固定在主龙骨上时，次龙骨的两端应搭在 L 形边龙骨的水平翼缘上，条形扣板有专用的阴角线做边龙骨。

4. 罩面板安装

（1）嵌装式装饰石膏板安装。

1）嵌装式装饰石膏板安装与龙骨应系列配套。

2）嵌装式装饰石膏板安装前应分块弹线，花式图案应符合设计要求，若设计无要求时，嵌装式装饰石膏板宜由吊顶中间向两边对称排列安装，墙面与吊顶接缝应交圈一致。

3）嵌装式装饰石膏板安装宜选用企口暗缝咬接法。构造见图 4-9。安装时应注意企口的相互咬接及图案的拼接。

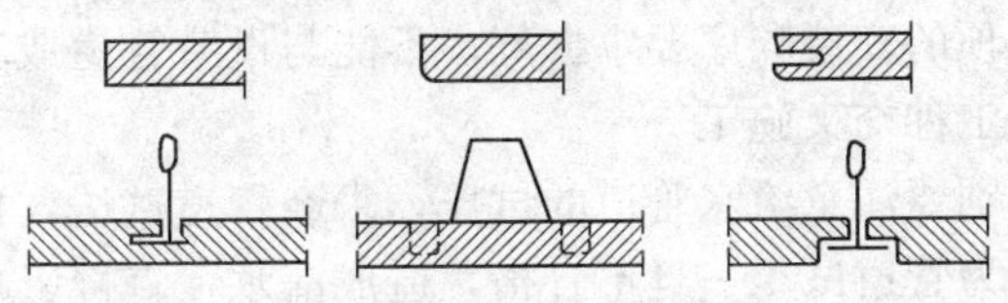

图 4-9　板边处理与安装示意

4）龙骨调平及拼缝处应认真施工，固定石膏板时，应视吊顶高度及板厚，在板与板之间留适当间隙，拼缝缝隙用石膏腻子补平，并贴一层穿孔接缝纸。

（2）贴塑装饰吸声板吊顶安装。

1）安装方法。贴塑装饰吸声板吊顶，目前比较流行的是明龙骨安装法和半暗龙骨安装法。

①明龙骨安装法。一般国内常采用铝合金龙骨。用 T 形铝合金龙骨组成骨架，然后将饰面板平放在 T 形龙骨的水平肢上。

②半暗龙骨安装法。镀锌铁皮 T 形龙骨在国外用得比较普遍。这种龙骨用 0.3～0.5 mm 厚镀锌铁皮冲压成型，外露部分喷漆或粘贴塑料膜带，以保证有良好的装饰效果。

2）龙骨悬吊。

①龙骨悬吊要牢固，既可以用吊杆，也可以用镀锌铁丝或铜丝悬挂。

②吊杆间距不宜过大，应控制在 1.2 m 以内。

③镀锌铁丝或铜丝不能太细，应选用 10 号铅丝，吊距应控制在 1.2 m 范围以内。

④吊丝应直接固定在顶板上或梁上，不能绑在其他专业管道上，因为一旦管道维修或管道变形，将直接影响到顶棚的平整。

3）安装顺序。

①吊顶的安装顺序要掌握好，不能与设备管道或其他干扰比较大的工种交叉施工。

②特别要注意给水管道的试压，未经管道试压，顶棚不宜施工，因为管道试压一旦不合格，造成漏水，直接影响到饰面板，被水渗透过的贴塑装饰板，不宜再使用。因为贴塑面遇水将产生水迹，有的甚至脱皮。

③另外，罩面板及龙骨均属轻质材料，超过一定的压力将产生变形。龙骨变形，罩面板破损，影响装饰效果。所以，合理安排施工时间，显得非常重要。

4）龙骨外露部分。

①龙骨外露体系，既是骨架，又是罩面板的压条（或封口条）。因而龙骨要直、要平，如果变形，必须调整。

②吊顶龙骨要拉通线调整，跨度较大时，要按规定起拱。

③龙骨外露部分要干净，不能有油污、胶痕等缺陷。

5）罩面板。贴塑装饰吸声板要注意保管，不应受潮，不应破损，应存放在干燥的房间。

（3）金属微穿孔吸声板安装。

1）必须认真调平调直龙骨，这是保证大面积吊顶效果的关键。

2）安装微穿孔吸声板宜采用板用木螺钉或自攻螺钉固定在龙骨上，对于有些铝合金板吊顶，也可将冲孔板卡到龙骨上，具体的固定方法要视板的断面决定。

3）安装金属微穿孔板应从一个方向开始，依次安装。

4）在方板或板条安装完毕后铺放吸声材料。条板可将吸声材料放在板条内；方板可将吸声材料放在板上面。

5. 工程质量要求与检验

（1）主控项目。主控项目内容及监理验收要求见表4-8。

表4-8　主控项目内容及监理验收要求

项次	项目内容	质量要求	检验方法
1	吊顶标高起拱及造型	吊顶标高、尺寸、起拱和造型应符合设计要求	观察；尺量检查
2	饰面材料	饰面材料的材质、品种规格、图案和颜色应符合设计要求。当饰面材料为玻璃板时，应使用安全玻璃或采取可靠的安全措施	观察；检查产品合格证书、性能检测报告和进场验收记录
3	饰面材料安装	饰面材料的安装应稳固严密；饰面材料与龙骨的搭接宽度应大于龙骨受力面宽度的2/3	观察；手扳检查；尺量检查
4	吊杆、龙骨材质	吊杆、龙骨的材质、规格、安装间距及连接方式应符合设计要求。金属吊杆、龙骨应进行表面防腐处理；木龙骨应进行防腐、防火处理	观察；尺量检查；检查产品合格证书、进场验收记录和隐蔽工程验收记录
5	吊顶、龙骨安装	明龙骨吊顶工程的吊杆和龙骨安装必须牢固	手扳检查；检查隐蔽工程验收记录和施工记录

（2）一般项目。一般项目内容及监理验收要求见表4-9。

（3）明龙骨吊顶工程安装的允许偏差和检验方法。明龙骨吊顶工程安装的允许偏差和检验方法见表4-10。

表 4-9 一般项目内容及监理验收要求

项次	项目内容	质量要求	检验方法
1	饰面材料表面质量	饰面材料表面应洁净、色泽一致，不得有翘曲、裂缝及缺损。饰面板与明龙骨的搭接应平整、吻合，压条应平直、宽窄一致	观察；尺量检查
2	灯具等设备	饰面板上的灯具、烟感器、喷淋头、风口篦子等设备的位置应合理、美观，与饰面板的交接应吻合、严密	观察
3	龙骨接缝	金属龙骨的接缝应平整、吻合、颜色一致，不得有划伤、擦伤等表面缺陷。木质龙骨应平整、顺直，无劈裂	
4	填充材料	吊顶内填充吸声材料的品种和铺设厚度应符合设计要求，并应有防散落措施	检查隐蔽工程验收记录和施工记录

表 4-10 明龙骨吊顶工程安装的允许偏差和检验方法

项次	项 目	允许偏差/mm				检验方法
		石膏板	金属板	矿棉板	塑料板、玻璃板	
1	表面平整度	3	2	3	2	用 2 m 靠尺和塞尺检查
2	接缝直线度	3	2	3	3	拉 5 m 线，不足 5 m 拉通线，用钢直尺检查
3	接缝高低差	1	1	2	1	用钢直尺和塞尺检查

（三）金属板吊顶常见质量问题及处理

金属板吊顶常见质量问题及处理见表 4-11。

表 4-11　金属板吊顶质量通病及防治措施

项次	内容	现象	原　因	防治措施
1	吊顶不平	吊顶安装后，明显不平，甚至产生波浪形状	(1) 水平标高线控制不好，误差过大； (2) 安装金属板条时，龙骨未调平就进行安装，使板条受力不均匀而产生波浪形状； (3) 在龙骨上直接悬吊重物而发生局部变形。这种现象多发生在龙骨兼卡具这种吊顶形式； (4) 吊杆不牢，引起局部下沉。例如吊杆本身固定不当，松动或脱落；或吊杆不直，受力后拉直变长； (5) 板条自身变形，未经矫正即安装，产生吊顶不平	(1) 对于吊顶四周的标高线，应准确地弹到墙上，其误差不能大于±5 mm。跨度较大时，应在中间适当位置加设标高控制点。在一个断面内应拉通线控制，线要拉直，不能下沉； (2) 安装板条前，应先将龙骨调直调平，这是施工中既合理又重要的一道工序； (3) 安装较重的设备，不能直接悬吊在吊上，应另设吊杆，直接与结构固定； (4) 如果采用膨胀螺栓固定吊杆，应做好隐检工作，例如膨胀螺栓埋入深度、间距等，关键部位要做膨胀螺栓的抗拔试验； (5) 安装前要先检查板条平、直情况，发现不符合标准者，应进行调整
2	接缝明显	(1) 接缝处接口露白槎； (2) 接缝不平，接缝处产生错台	(1) 板条切割时，切割角度控制不好； (2) 切口部位未经修整	(1) 做好下料工作。板条切割时，控制好切割的角度； (2) 切口部位应用锉刀将其修平，将毛边及不平处修整好； (3) 用相同色彩的胶粘剂(例如硅胶)对接口部位进行修补，使接缝密合，并对切口白边进行遮掩

二、轻钢龙骨隔墙安装

（一）材料要求

轻钢龙骨是以薄壁镀锌钢带或薄壁冷轧退火卷带为原料，经冲压或冷弯而成的轻质隔墙板支承骨架材料。

轻钢龙骨按国家标准《建筑用轻钢龙骨》（GB 11981—2008），其按使用场合分为墙体龙骨和吊顶龙骨两种类别，按断面形状分为U、C、CH、T、H、V和L型七种形式。

(1) 轻钢龙骨的规格尺寸，见表4-12。

表4-12 轻钢龙骨规格

类别	品种		断面形状	规格	备注
墙体龙骨Q	CH型龙骨	竖龙骨	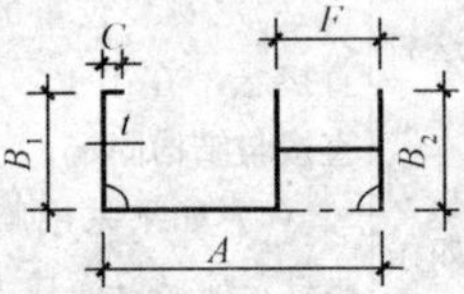	$A\times B_1\times B_2\times t$ 75×（73.5）$\times B_1\times B_2\times$0.8 100（98.5）$\times B_1\times B_2\times$0.8 150（148.5）$\times B_1\times B_2\times$0.8 $B_1\geqslant 35$；$B_2\geqslant 35$	当$B_1=B_2$时，规格为$A\times B\times t$
	C型龙骨	竖龙骨	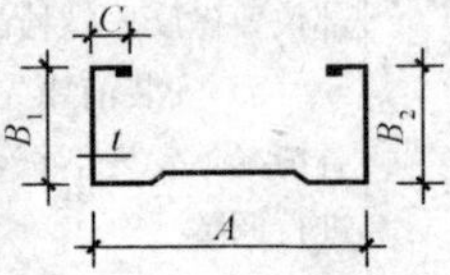	$A\times B_1\times B_2\times t$ 50（48.5）$\times B_1\times B_2\times$0.6 75（73.5）$\times B_1\times B_2\times$0.6 100（98.5）$\times B_1\times B_2\times$0.7 150（148.5）$\times B_1\times B_2\times$0.7 $B_1\geqslant 45$；$B_2\geqslant 45$	
	U型龙骨	横龙骨	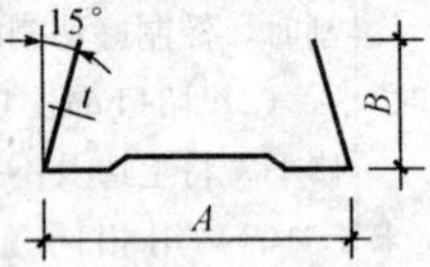	$A\times B\times t$ 52（50）$\times B\times$0.6 77（75）×0.6 102（100）$\times B\times$0.7 152（150）$\times B\times$0.7 $B\geqslant 35$	
		通贯龙骨	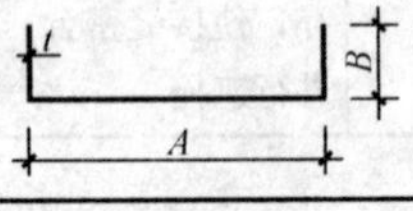	$A\times B\times t$ 38×12×1.0	

续表

类别	品种		断面形状	规格	备注
吊顶龙骨D	U型龙骨	承载龙骨	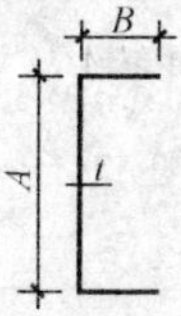	$A\times B\times t$ 38×12×1.0 50×15×1.2 60×B×1.2	B=24～30
	C型龙骨	承载龙骨	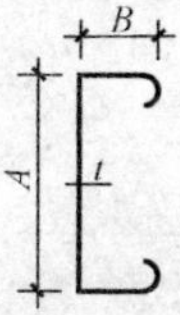	$A\times B\times t$ 38×12×1.0 50×15×1.2 60×B×1.2	
		覆面龙骨	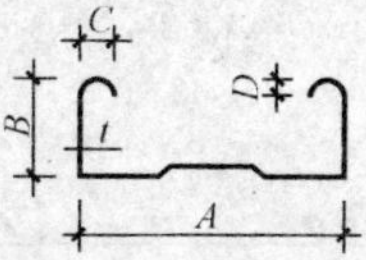	$A\times B\times t$ 50×19×0.5 60×27×0.6	
	T型龙骨	主龙骨	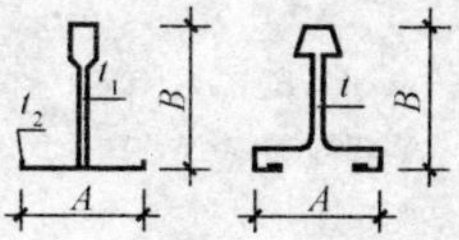	$A\times B\times t_1\times t_2$ 24×38×0.27×0.27 34×32×0.27×0.27 14×32×0.27×0.27	1. 中型承载龙骨 $B\geqslant 38$，轻型承载龙骨 $B<38$； 2. 龙骨由一整片钢板（带）成型时，规格为 $A\times B\times t$
		次龙骨	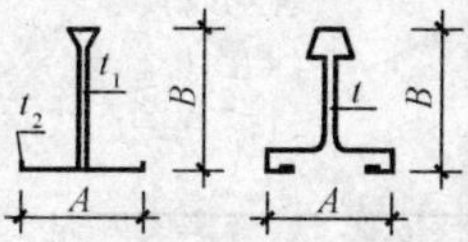	$A\times B\times t_1\times t_2$ 24×28×0.27×0.27 24×25×0.27×0.27 14×25×0.27×0.27	
	H型龙骨		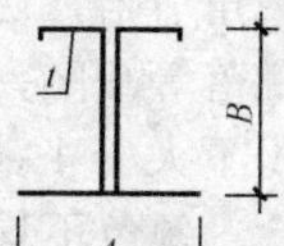	$A\times B\times t$ 20×37×0.8	

续表

类别	品　种		断面形状	规　格	备　注
吊顶龙骨D	V型龙骨	承载龙骨	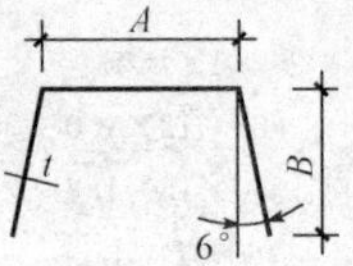 A B t 6°	$A\times B\times t$ 20×37×0.8	造型用龙骨规格为20×20×1.0
		覆面龙骨	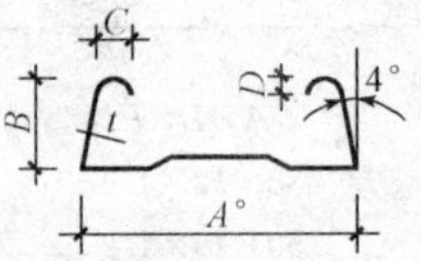 C B t D 4° A°	$A\times B\times t$ 49×19×0.5	
		承载龙骨	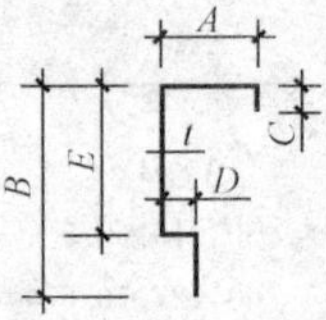 A B E t D C	$A\times B\times t$ 20×43×0.8	
	L型龙骨	收边龙骨	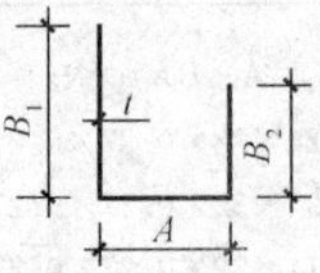 B_1 t B_2 A	$A\times B_1\times B_2\times t$ $A\times B_1\times B_2\times 0.4$ $A\geqslant 20$；$B_1\geqslant 25$，$B_2\geqslant 20$	
		边龙骨	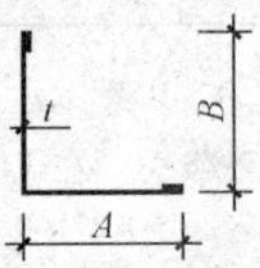 t B A	$A\times B\times t$ $A\times B\times 0.4$ $A\geqslant 14$；$B\geqslant 20$	

（2）外观。龙骨外形更平整、棱角清晰，切口不应有毛刺和变形。镀锌层应无起皮、起瘤、脱落等缺陷，无影响使用的腐蚀、损伤、麻点，每米长度内面积不大于 1 cm^2 的黑斑不多于 3 处。涂层应无气泡、划伤、漏涂、颜色不均等影响使用的缺陷。

（3）轻钢在骨底面和侧面的平直度应符合表 4-13 的要求。

表 4-13　侧面和底面平直度

<table>
<tr><th>类　别</th><th>品　种</th><th>检测部位</th><th>平直度/（mm/1 000 mm）</th></tr>
<tr><td rowspan="3">墙　体</td><td rowspan="2">横龙骨和竖龙骨</td><td>侧面</td><td>≤1.0</td></tr>
<tr><td>底面</td><td rowspan="2">≤2.0</td></tr>
<tr><td>通贯龙骨</td><td>侧面和底面</td></tr>
<tr><td rowspan="2">吊　顶</td><td>承载龙骨和覆面龙骨</td><td>侧面和底面</td><td>≤1.5</td></tr>
<tr><td>T 型、H 型龙骨</td><td>底面</td><td>≤1.3</td></tr>
</table>

（4）轻钢龙骨弯曲内角半径 R 应符合表 4-14 的要求。

表 4-14　变曲内角半径 *R*（不包括 T 型、H 型和 V 型龙骨）

钢板厚度 t	$t\leqslant 0.70$	$0.70<t\leqslant 1.00$	$1.00<t\leqslant 1.20$	$t>1.20$
弯曲内角半径 R	≤1.50	≤1.75	≤2.00	≤2.25

（5）轻钢龙骨角度偏差应符合表 4-15 的要求。

表 4-15　角度允许偏差（不包括 T 型、H 型龙骨）

成型角较短边尺寸 B	$B\leqslant 18$ mm	$B>18$ mm
允许偏差	≤2°00′	≤1°30′

（6）轻钢龙骨表面防锈。

1）龙骨表面采用镀锌防锈时，其双面镀锌量或双面镀锌层厚度应符合表 4-16 的要求。

表 4-16　双面镀锌量和双面镀层厚度

项　目	技 术 要 求
双面镀锌量/（$g\cdot m^{-2}$）	≥100
双面镀锌层厚度/μm	≥14
注：表面镀锌防锈的最终裁定以双面镀锌量为准。	

2）龙骨表面采用彩色涂层（烤漆涂层）防锈时，彩色涂层钢板（带）的性能应符合表4-17的规定。

表4-17　彩色涂层钢板（带）的性能

项　目	技 术 要 求
涂层厚度/μm	≥35
涂层铅笔硬度	≥HB（HB铅笔硬度）

（7）力学性能。墙体及吊顶龙骨组件的力学性能应符合表4-18的要求。

表4-18　龙骨组件的力学性能

<table>
<tr><th colspan="2">类　别</th><th colspan="2">项　目</th><th>要　求</th></tr>
<tr><td colspan="2" rowspan="2">墙　体</td><td colspan="2">抗冲击性试验</td><td>残余变形量不大于10.0 mm，龙骨不得有明显的变形</td></tr>
<tr><td colspan="2">静载试验</td><td>残余变形量不大于2.0 mm</td></tr>
<tr><td rowspan="3">吊顶</td><td rowspan="2">U、C、V、L型（不包括造型用V型龙骨）</td><td rowspan="3">静载试验</td><td>覆面龙骨</td><td>加载挠度不大于5.0 mm
残余变形量不大于1.0 mm</td></tr>
<tr><td>承载龙骨</td><td>加载挠度不大于4.0 mm
残余变形量不大于1.0 mm</td></tr>
<tr><td>T、H型</td><td>主龙骨</td><td>加载挠度不大于2.8 mm</td></tr>
</table>

（二）安装要求

不同系列的墙体轻钢龙骨，可组成不同规格和构造的室内隔断骨架形式。选用不同的构造做法，可以满足隔断墙体的隔声、绝热、防火及内穿管线和设备等多方面的使用要求。隔断墙体骨架及其罩面板的装配方式，可以是单排龙骨、单层罩面板，也可以是双排龙骨或双根竖龙骨并立、双层或三层罩面板。根据轻钢龙骨的断面尺寸、型材刚度、隔断墙体总厚度和罩面板层数等因素，对于隔断墙的高度、龙骨设置的数量、间距和部位等，均有一定的限制，由设计确定。

1. 墙位放线

根据设计图纸确定的隔断墙位，在楼地面弹线，并将线引测至顶棚和侧墙。

2. 踢脚台施工

如果设计要求设置踢脚台（墙垫）时，应先对楼地面基层进行清理，并涂刷 YJ302 型界面处理剂一道。然后浇筑 C20 素混凝土踢脚台，上表面应平整，两侧面应垂直。踢脚台内是否配置构造钢筋或埋设预埋件，根据设计要求确定。

3. 安装沿地、沿顶及沿墙龙骨

横龙骨与建筑顶、地连接及竖龙骨与墙、柱连接，一般可用射钉，选用 M5×35 的射钉将龙骨与混凝土基体固定，对于砖砌墙、柱体应采用金属胀铆螺栓。射钉或电钻打孔时，固定点的间距通常按 900 mm 布置，最大不应超过 1 000 mm。轻钢龙骨与建筑基体表面接触处，一般要求在龙骨接触面的两边各粘贴一根通长的橡胶密封条，以起防水和隔声作用。沿地、沿顶和沿墙（柱）龙骨的固定方法，见图 4-10 所示。

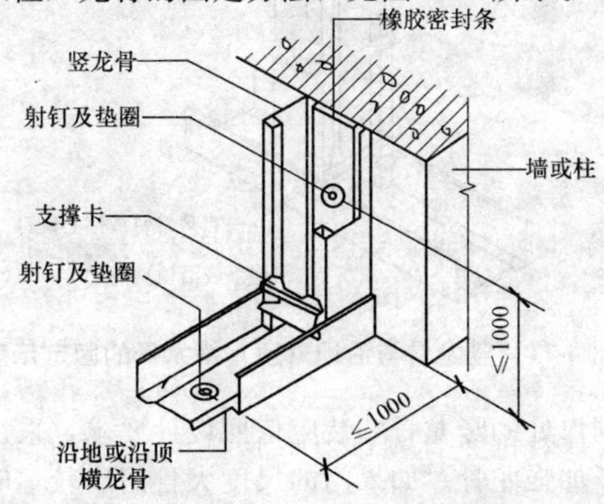

图 4-10　沿地（顶）及沿墙（柱）龙骨的固定示意（单位：mm）

4. 安装竖龙骨

竖龙骨按设计确定的间距就位，通常根据罩面板的宽度尺寸而定。对于罩面板材较宽者，需在其中间加设一根竖龙骨，竖龙骨中距最大不应超过 600 mm。对于隔断墙的罩面层较重时（如贴瓷砖）的竖龙骨中距，应以不大于 420 mm 为宜；当隔断墙体的较高时，其竖龙骨布置也应加密。

竖龙骨安装时应由隔断墙的一端开始排列，设有门窗者要从门窗洞口开始分别向两侧展开。当最后一根竖龙骨距离沿墙（柱）龙骨的尺寸大于设计规定的龙骨中距时，必须增设一根竖龙骨。将预先截好长度的竖龙骨推向沿顶、沿地龙骨之间，翼缘朝罩面板方向就位。龙骨的上、下端如为刚性连接，均用自攻螺钉或抽心铆钉与横龙骨固定，见图 4-11。应注意当采用有冲孔的竖龙骨时，其上下方向不能颠倒，竖龙骨现场截断时一律从其上端切割，并应保证各条龙骨的贯通孔高度必须在同一水平。

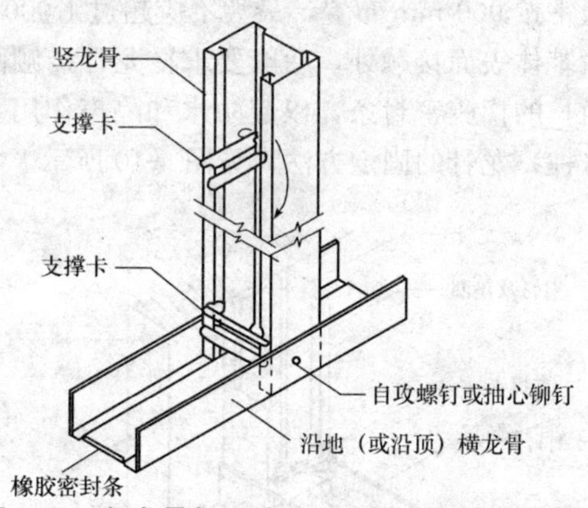

图 4-11 竖龙骨与沿地（顶）横龙骨的固定示意

门窗洞口处的竖龙骨安装应依照设计要求，采用双根并用或是扣盒子加强龙骨。如果门的尺度大且门扇较重时，应在门框外的上下左右增设斜撑。

5. 安装通贯龙骨

通贯横撑龙骨的设置，一种是低于 3 m 的隔断墙安装 1 道；3～5 m 高度的隔断墙安装 2～3 道。通贯龙骨横穿各条竖龙骨上的贯通冲孔，需要接长时使用其配套的连接件。在竖龙骨开口面安装卡托或支撑卡与通贯横撑龙骨连接锁紧，根据需要在竖龙骨背面可加设角托与通贯龙骨固定。采用支撑卡系列的龙骨时，应先将支撑卡安装于竖龙骨开口面，卡距为 400～600 mm，距龙骨两端的距离为 20～25 mm。

6. 安装横撑龙骨

隔断墙轻钢骨架的横向支撑，除采用通贯龙骨外，有的需设其他横撑龙骨。一般当隔墙骨架超过 3 m 高度时，或是罩面板的水平方向板端（接缝）并非落在沿顶沿地龙骨上时，应设横向龙骨对骨架加强，或予以固定板缝。具体做法是，可选用 U 型横龙骨或 C 型竖龙骨作横向布置，利用卡托、支撑卡（竖龙骨开口面）及角托（竖龙骨背面）与竖向龙骨连接固定，见图 4-12。有的系列产品，也可采用其配套的金属嵌缝条作横竖龙骨的连接固定件。

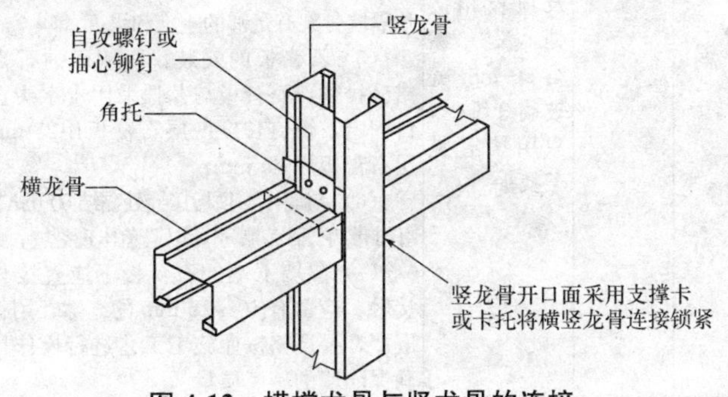

图 4-12　横撑龙骨与竖龙骨的连接

（三）轻钢龙骨石膏板隔墙工程常见质量问题及处理

轻钢龙骨石膏板隔墙工程常见质量问题及处理见表 4-19。

表 4-19 轻钢龙骨石膏板隔墙工程质量通病及防治措施

内 容	质量通病	原因分析	防治措施
隔墙板与墙体、顶板、地面连接处有裂缝	隔墙板与结构主体的墙(柱)、顶板、地面连接处出现裂缝	(1) 轻钢龙骨有的出现变形，有的通贯横撑龙骨、支撑卡装得不够，致使整片隔墙骨架没有足够的刚度和强度，受外力碰撞而出现裂缝； (2) 隔墙与侧面墙体及顶板相接处，没有黏结 50 mm 宽玻璃纤维带，只用接缝腻子找平	(1) 根据设计放出隔墙位置线，并引测到主体结构侧面墙体及顶板上； (2) 将边框龙骨即沿地龙骨、沿顶龙骨、沿墙（柱）龙骨与主体结构固定，固定前先铺垫一层橡胶条或沥青泡沫塑料条。边框龙骨与墙、顶、地固定作法：边框龙骨与主体结构连接采用射钉或电钻打眼安膨胀螺栓。间距：水平方向不大于80 cm，垂直方向不大于 1 m； (3) 根据设置要求，在沿顶、沿地龙骨上分档画线，按分档位置安装竖龙骨，竖龙骨上端、下端插入沿顶和沿地龙骨的凹槽内，翼缘朝向拟安装罩面板的方向。调整垂直，定位后用铆钉或射钉固定。竖龙骨与沿地龙骨的固定； (4) 安装门窗洞口的加强龙骨后，再安装通贯横撑龙骨和支撑卡。通贯横撑龙骨必须与竖向龙骨的冲孔保持在同一水平上，并卡紧牢固，不得松动，这样可将竖向龙骨撑牢，使整片隔墙骨架有足够的刚度和强度； (5) 石膏板的安装，两侧面的石膏板应错缝排列，石膏板与龙骨采用十字头自攻螺钉固定，螺钉长度一层石膏板用25 mm，两层石膏板用 35 mm； (6) 与墙体、顶板接缝处黏结 50 mm 宽玻璃纤维带再分层刮腻子，以避免出现裂缝； (7) 隔墙下端的石膏板不应直接与地面接触，应留有 10～15 mm 的缝隙，用密封膏嵌严，要严格按照施工工艺进行操作，才能确保隔墙的施工质量

三、金属幕墙安装

（一）金属板幕墙的特点

金属板幕墙主要具有以下几个特点：强度高、质量轻；板面平整无瑕；优良的成形性；加工容易，质量精度高，生产周期短，可进行工厂化生产；防火性能好。金属板幕墙适用于各种工业与民用建筑。

金属板幕墙一般是悬挂在承重骨架和外墙面上。它具有典雅庄重，质感丰富以及坚固、耐久、易拆卸等优点。施工方法多为预制装配，节点构造复杂，施工精度要求高，必须有完备的工具和经过培训的有经验的工人才能完成操作。

（二）金属板幕墙的种类

1. 按材料分类

金属板幕墙按材料可分为单一材料板和复合材料板两种。

（1）单一材料板。单一材料板为一种质地的材料，如钢板、铝板、铜板、不锈钢板等。

（2）复合材料板。复合材料板是由两种或两种以上质地的材料组成，如铝合金板、搪瓷板、烤漆板、镀锌板、有色塑料膜板、金属夹心板等。

2. 按板面形状分类

金属幕墙按板面形状可分为光面平板、纹面平板、压型板、波纹板、立体盒板等，见图 4-13。

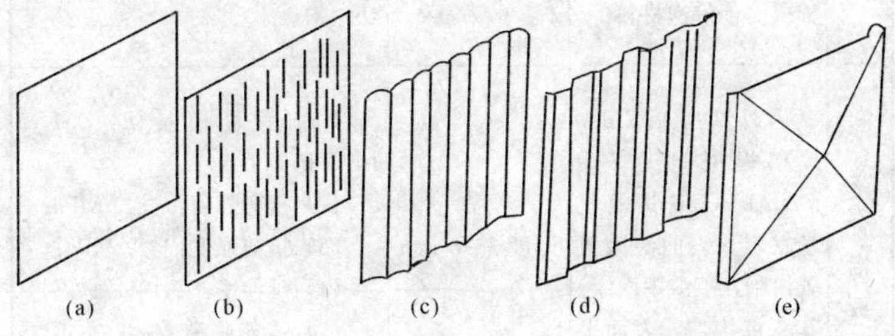

图 4-13　金属幕墙板

（a）光面平板；（b）纹面平板；（c）波纹板；（d）压型板；（e）立体盒板

（三）材料要求

1. 铝合金板

幕墙工程中常用的铝合金板，从表面处理方法上可分为：阳极氧化膜、氟碳树脂喷涂、烤漆处理等；从几何尺寸上分为：条形板、方形板及异形板；从常用的色彩分，有银白色、古铜色、暖灰色、金色等；从板材构造特征上分为：单层铝板、复合铝板、蜂窝铝板数种，为了提高板材刚度，其面板可以压成各种形式的波形。对于大面积的单层铝板由于刚度不足，往往在其背面加肋增强。铝合金板的主要规格及性能见表 4-20。

表 4-20　常用铝合金板规格及性能

板材类型	构造特点及性能	常用规格	技术指标
单层铝板	表面采用阳极氧化膜或氟碳树脂喷涂。多为纯铝板或铝合金板。为隔声保温，常在其后面加矿棉、岩棉或其他发泡材料	厚度 3～4 mm	（1）弹性模量 E：0.7×10^5 MPa； （2）抗弯强度：84.2 MPa； （3）抗剪强度：48.9 MPa； （4）线膨胀系数：2.3×10^{-5}℃
复合铝板	内外两层 0.5 mm 厚铝板中间夹 2～5 mmPVC 或其他化学材料，表面滚涂氟碳树脂，喷涂罩面漆。其颜色均匀，表面平整，加工制作方便	厚度 3～6 mm	（1）弹性模量 E：0.7×10^5 MPa； （2）抗弯强度：≥15 MPa； （3）抗剪强度：≥9 MPa； （4）延伸率：≥10%； （5）线膨胀系数：24×10^{-5}～28×10^{-5}℃

续表

板材类型	构造特点及性能	常用规格	技术指标
蜂窝板	两块厚0.8～1.2 mm及1.2～1.8 mm铝板中间夹不同材料制成的蜂窝状芯材两面制成，芯材有铝箔芯材、混合纸芯材等。表面涂树脂类金属聚合物着色涂料，强度较高，保温、隔声性能较好	总厚度：10～25 mm，蜂窝形状有：波形、正六角形、扁六角形、长方形、十字形等	(1) 弹性模量E：4×10⁴ MPa； (2) 抗弯强度：10 MPa； (3) 抗剪强度：1.5 MPa； (4) 线膨胀系数：22×10⁻⁵～23.5×10⁻⁵℃

2. 钢板及不锈钢板

常用于金属板幕墙的钢板材一般为：彩色涂层钢板和不锈钢板，其规格性能见表4-21。

表4-21　钢板、不锈钢板规格及性能

板材类型	构造特点及性能	常用规格	技术指标
彩色涂层钢板	在原板钢板上覆以0.2～0.4 mm软质或半硬质聚氯乙烯塑料薄膜或其他树脂，耐侵蚀，易加工	厚度0.35～2.0 mm	(1) 弹性模量E：2.10×10^5 MPa； (2) 线膨胀系数：1.2×10^{-5}℃
不锈钢板	具有优异的耐蚀性；优越的成型性，不仅光亮夺目，还经久耐用	厚度0.75～3.0 mm	(1) 弹性模量E：2.10×10^5 MPa； (2) 抗弯强度：≥180 MPa； (3) 抗剪强度：100 MPa； (4) 线膨胀系统：$1.2\times10^{-5}\sim1.8\times10^{-5}$℃

（四）金属幕墙铝型材加工制作

1. 生产条件及加工准备

（1）铝型材加工应在车间内进行，车间应有良好的清洁条件。

（2）用于加工铝型材的设备、机具应能保证加工的精度要求。所用的量具要达到测量的精度，而且要定期检定，进行计量认证。

（3）铝型材下料前，应对建筑图进行认真的核对，并对建筑物进行复测，按实际尺寸对铝型材下料尺寸进行调整。

（4）对进场的铝型材，必须查验其出厂合格证和产地证书，核对其型号，检查化学成分和力学性能报告。

（5）必须检查铝型材表面的氧化膜是否完好无损伤，剔除有过深刻痕和大面积擦伤的原材；有扭曲、弯曲变形的铝材，应先校正再下料。

2. 铝型材加工制作流程

铝型材加工制作的工序如图 4-14 所示。

3. 加工精度要求

（1）截料尺寸精度应符合下列要求：

1）截料尺寸允许偏差应符合图 4-15、表 4-22 的要求。

2）截料端头不应有明显加工变形，毛刺不大于 0.2 mm。

3）孔位允许偏差±0.5 mm，孔距允许偏差±0.5 mm，累计偏差不大于±1.0 mm。

4）铆钉用通孔应符合 GB/T 152.1—1988 的规定。

5）沉头用沉孔应符合 GB/T 152.2—1988 的规定。

6）圆柱头用沉孔应符合 GB/T 152.3—1988 的规定。

7）螺栓孔的加工应符合设计要求。

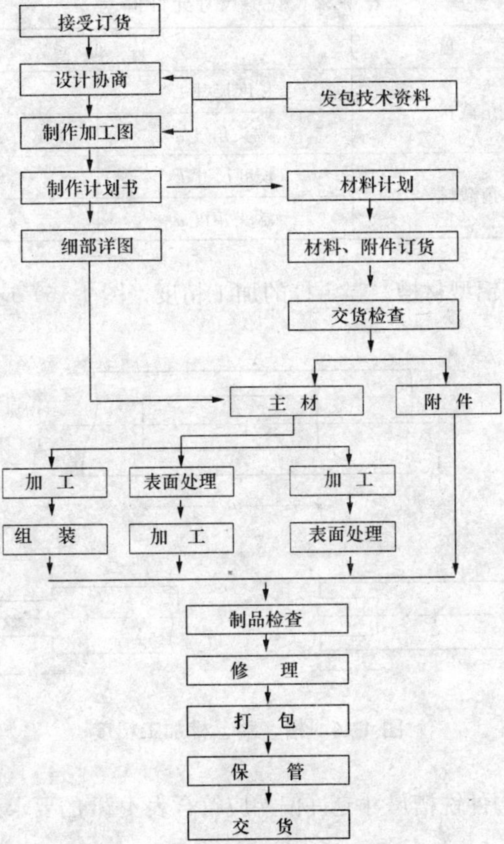

接受订货
设计协商
发包技术资料
制作加工图
制作计划书
材料计划
细部详图
材料、附件订货
交货检查
主 材
附 件
加 工
表面处理
加 工
组 装
加 工
表面处理
制品检查
修 理
打 包
保 管
交 货

图 4-14　铝型材制作加工流程

L
α
L
α

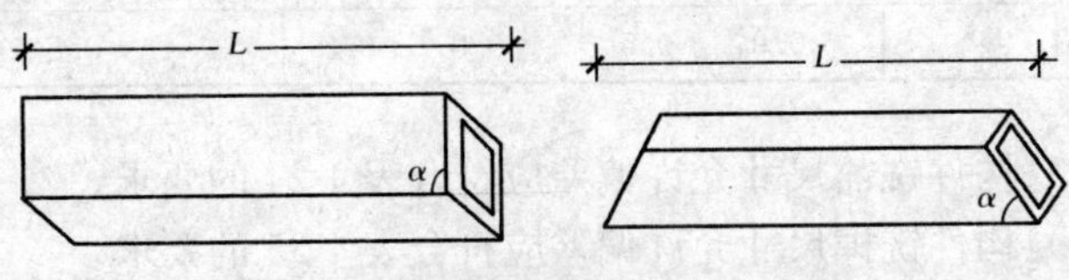

图 4-15　截料尺寸

表 4-22　截料尺寸允许偏差

项　目	允许偏差	
直角截料	长度尺寸 L	1.0 mm
	端头角度 α	10′
斜角截料	长度尺寸 L	1.0 mm
	端头角度 α	15′

(2) 铝型材槽、豁、榫的加工精度（图 4-16）应符合下列要求：

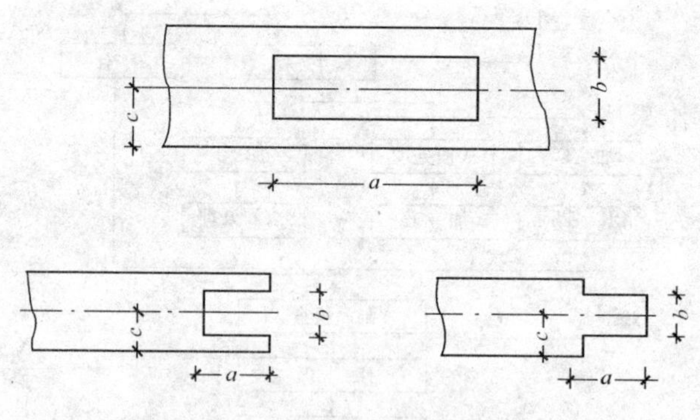

图 4-16　槽、豁、榫加工精度

1) 构件铣槽尺寸允许偏差应符合表 4-23 的要求。

表 4-23　铣槽尺寸允许偏差　mm

项　目	长度 a	宽度 b	中心线位置 c
偏　差	−0.0，+0.5	−0.0，+0.5	±0.5

2) 构件铣豁尺寸允许偏差应符合表 4-24 的要求。

3) 构件铣榫尺寸允许偏差应符合表 4-25 的要求。

表 4-24　铣豁尺寸允许偏差　mm

项　目	豁口长度 a	豁口宽度 b	中心线位置 c
偏　差	−0.0，+0.5	−0.0，+0.5	±0.5

表 4-25　铣榫尺寸允许偏差　mm

项　目	榫长 a	榫宽 b	中心线位置 c
偏　差	+0.0，−0.5	+0.0，−0.5	±0.5

(3) 幕墙构件中铝型材装配精度应符合下列要求：

1）构件铝型材装配尺寸偏差应符合表 4-26 的规定。

表 4-26　构件装配尺寸允许偏差　mm

项　目	尺　寸	允许偏差
槽高度 宽　度	≤2 000	±1.5
	>2 000	±2.0
构件对边 尺　寸	≤2 000	≤2.0
	>2 000	≤3.0
构件对角 线尺寸	≤2 000	≤2.0
	>2 000	≤3.5

2）各相邻构件装配间隙及同一平面高低偏差符合表 4-27 的要求。

表 4-27　相邻构件装配间隙及同一平面高低允许偏差　mm

项　目	允许偏差
装配间隙	≤0.4
同一平面高低差	≤0.4

(五) 金属幕墙安装

1. 施工流程

金属幕墙安装的施工流程见图 4-17。

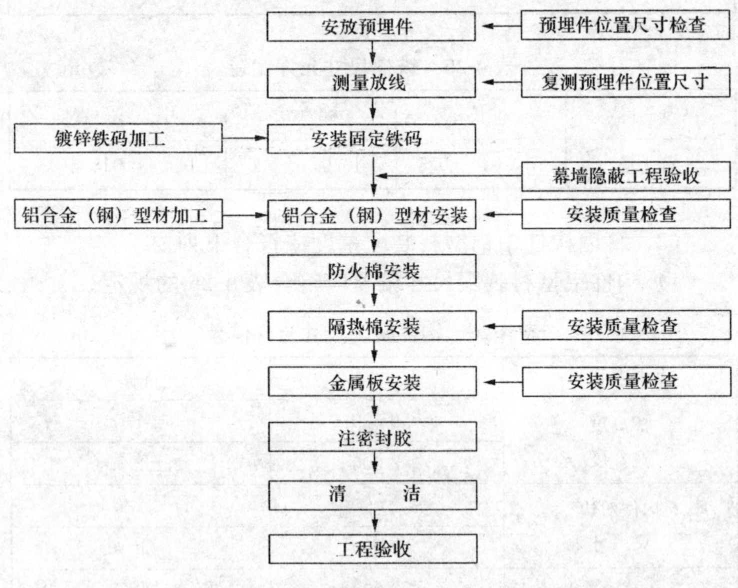

图 4-17　金属幕墙安装的施工流程图

2. 施工准备

(1) 详细核查施工图纸和现场实测尺寸，以确保设计加工的完善，同时认真与结构图纸及其他专业图纸进行核对，及时发现其不相符部位，尽早采取有效措施修正。

(2) 安装施工前要搭设脚手架或安装吊篮，并将金属板及配件用塔吊、外用电梯等垂直运输设备运至各施工面层上。

3. 预埋件制作安装

(1) 金属板幕墙的竖框与混凝土结构宜通过预埋件连接，

预埋件应在主体结构混凝土施工时埋入。当土建工程施工时，金属板幕墙的施工单位应派出专业技术人员和施工人员进驻施工现场，与主建施工单位配合，严格按照预埋施工图安放预埋件，通过放线确定埋件的位置，其允许位置尺寸偏差为±20 mm，然后进行埋件施工。

（2）预埋件通常是由锚板和对称配置的直锚筋组成，如图 4-18 所示。受力预埋件的锚板宜采用 HPB235 级或 HRB335 级钢筋，并不得采用冷加工钢筋。预埋件的受力直锚筋不宜少于 4 根，直径不宜小于 8 mm。受剪预埋件的直锚筋可用 2 根。预埋件的锚盘应放在外排主筋的内侧，锚板应与混凝土墙平行且埋板的外表面不应凸出墙的外表面。直锚筋与锚板应采用 T 型焊，锚筋直径不大于 20 mm 时宜采用压力埋弧焊。手工焊缝高度不宜小于 6 mm 及 $0.5d$（HPB235 级钢筋）或 $0.6d$（HRB335 级钢筋）。充分利用锚筋的受拉强度时，锚固强度应符合表 4-28 的要求。锚筋的最小锚固长度在任何情况下不应小于 250 mm。锚筋按构造配置，未充分利用其受拉强度时，锚固长度可适当减少，但不应小于 180 mm。光圆钢筋端部应做弯钩。

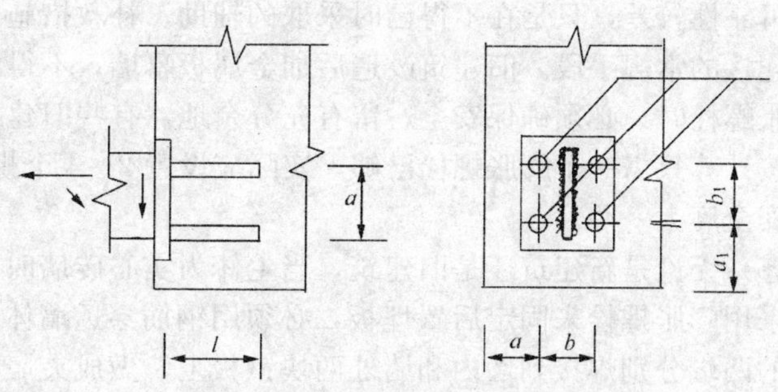

图 4-18　由锚板和直锚筋组成的预埋件

表 4-28 锚固钢筋的锚固长度 L_a mm

钢筋类型	混凝土强度等级	
	C25	≥C30
HPB235 级钢	30d	25d
HRB335 级钢	40d	35d
注：1 当螺纹钢筋 d≤25 mm 时，L_a 可以减少 5d； 2 锚固长度不应小于 250 mm。		

(3) 锚板的厚度应大于锚盘直径的 0.6 倍。受拉和受弯预埋件的锚板的厚度应大于 b/8（b 为锚筋间距）。锚筋中心至锚板距离应不小于 2d（d 为锚筋直径）及 20 mm。对于受拉和受弯预埋件，其钢筋间距和锚筋至构件边缘的距离均应不小于 3d 及 45 mm。对受剪预埋件，其锚筋的间距 b_1 及 b 应不大于 300 mm，其中 b_1 应不小于 6d 及 70 mm，锚筋至构件边缘的距离 a_1 应不小于 6d 及 70 mm，a_1、a 应不小于 3d 及 45 mm。

(4) 当主体结构为混凝土结构时，如果没有条件采取预埋件时，应采用其他可靠的连接措施，并应通过试验决定其承载力。这种情况下通常采用膨胀螺栓。膨胀螺栓是后置连接件，工作可靠性较差，只是在不得已时采取的辅助、补救措施，不作为连接的常规手段。旧建筑改造后加金属板幕墙，不得已采用膨胀螺栓时，必须确保安全，留有充分余地。有些旧建筑改造，按计算只需一个膨胀螺栓已够，实际应设置 2～4 个螺栓，这样安全度大一些。

(5) 无论是新建筑还是旧建筑，当主体为实心砖墙时，不允许采用膨胀螺栓来固定后置埋板，必须用钢筋穿透墙体，将钢筋的两端分别焊接到墙内和墙外两块钢板上，做成夹墙板的形式，然后再将外墙板用膨胀螺栓固定到墙体上。钢筋与钢板的焊接，要符合国家焊接施工规范。当主体为轻体墙时，如空心砖、加气混凝土砖时，不但不能采用膨胀螺栓固定后置埋件，也不能简单的采用夹墙板形式，要根据实际情况，采取其他加固措施，一定要稳妥，做到万无一失。

4. 铁码安装与防锈处理

(1) 铁码安装及其技术要求如下：

1) 铁码须按设计图加工，表面处理按国家标准的有关规定进行热浸镀锌。

2) 根据图纸检查并调整所放的线。

3) 将铁码焊接固定于预埋件上。

4) 待幕墙校准之后，将组件铝码用螺栓固定在铁码上。

5) 焊接时，应采用对称焊，以控制因焊接产生的变形。

6) 焊缝不得有夹渣和气孔。

7) 敲掉焊渣后，对焊缝涂防锈漆进行防锈处理。

(2) 防锈处理应符合下列要求：

1) 不能于潮湿、多雾及阳光直接暴晒之下涂漆，表面尚未完全干燥或蒙尘表面不能涂漆。

2) 涂第二层漆或以后的涂漆时应确定较早前的涂层已经固化，其表面经砂纸打磨光滑。

3) 涂漆应表面均匀，但勿于角部及接口处涂漆过量。

4) 在涂漆未完全干时，不应在涂漆处进行其他施工。

5. 定位放线

放线是将骨架的位置弹线到主体结构上，以保证骨架安装的准确性。这项工作是金属板幕墙安装的准备工作，只有准确地将设计图纸的要求反映到结构的表面上，才能保证设计意图。所以放线前，现场施工技术员必须与设计员互相沟通，研究好设计图纸。

放线是金属板幕墙施工中技术难度较大的一项工作，除了充分掌握设计要求外，还要具备丰富的施工经验。因为有些细部构造的处理，设计图纸中交待的并不十分明确，而是留给现场技术人员结合现场情况具体处理，特别是面积较大、层数较多的高层建筑和超高层建筑的金属幕墙，其放线的难度更大一些。

6. 型材骨架安装

（1）铝合金（钢）型材安装技术要求：

1）检查放线是否正确，并用经纬仪对横梁竖框进行贯通，尤其是对建筑转角、变形缝、沉降缝等部位进行详细测量放线。

2）用不锈钢螺栓把竖框固定在铁码上。在竖框与铁码的接触面上放上 1 mm 厚绝缘层，以防金属电解腐蚀。校正竖框尺寸后拧紧螺栓。

3）通过铝角将横档固定在竖框上。安装好后用密封胶密封横档间的接缝。

4）检查竖框和横档的安装尺寸，其允许偏差见表 4-29。

表 4-29　竖框和横档允许偏差

项次	项　目	允许偏差/mm	检查方法
1	幕墙垂直度 幕墙高度＞30 m、＜60 m 幕墙高度＞60 m、＜90 m 幕墙高度＞90 m	 15 20 25	激光仪或经纬仪
2	竖直构件线度	3	3 m 靠尺、塞尺
3	横向构件水平度 ＜2 000 mm ＞2 000 mm	 2 3	水平仪
4	同高度相邻两根横向构件高度差	1	钢板尺、塞尺

续表

项次	项 目	允许偏差/mm	检查方法
5	分格框对角线差 对角线长<2 000 mm 对角线长>2 000 mm	 3 3.5	3 m 钢卷尺
6	拼缝宽度（与设计值比）	2	卡尺

注：1 1～4 项按抽样根数检查，5～6 项按抽样分格数检查。
2 垂直于地面的幕墙，竖向构件垂直度包括幕墙平面内及平面外的检查。
3 竖向构件的直线度包括幕墙平面内及平面外的检查。
4 在风力小于 4 级时测量检查。

5）将螺栓、垫片焊接固定于铁码上，以防止竖框发生位置偏移。

6）所有不同金属面上应涂上保护层或加上绝缘垫片，以防电解腐蚀。

7）根据技术要求验收铝合金（型钢）框架的安装，验收合格后再进行下一步工序。

（2）铝合金型材安装施工要点。金属板幕墙骨架的安装，依据放线的具体位置进行。安装工作一般是从底层开始，然后逐层向上推移进行。

1）安装前，首先要清理预埋铁件。由于在实际施工中，结构上所预埋的铁板，有的位置偏差过大，有的钢板被混凝土淹没，有的甚至漏设，影响连接铁件的安装。因此，测量放线前，应逐个检查预埋铁件的位置，并把铁件上的水泥灰渣剔除，所有锚固点中，不能满足锚固要求的位置，应该把混凝土剔平，以便增设埋件。

2）清理工作完成后，开始安装连接件。金属幕墙所有骨架外立面，要求在同一个垂直平整的立面上。因此，施工时所有连接件与主体结构铁板焊接或膨胀螺栓锚定后，其外伸端面也必须处在同一个垂直平整的立面上才能得到保证。

3）连接件固定好后，开始安装竖框。竖框安装的准确和质量，影响整个金属幕墙的安装质量，因此，竖框的安装是金属幕墙安装施工的关键工序之一。金属幕墙的平面轴线与建筑物外平面轴线距离的允许偏差应控制在 2 mm 以内，特别是建筑物平面呈弧形、圆形和四周封闭的金属幕墙，其内外轴线距离影响到幕墙的周长，应认真对待。

①竖框与连接件要用螺栓连接，螺栓要采用不锈钢件，同时要保证足够长度，螺母紧固后，螺栓要长出螺母 3 mm 以上。螺母与连接件之间要加设足够厚度的不锈钢或镀锌垫片和弹簧垫圈。垫片的强度和尺寸一定要满足设计要求，垫片的宽度要大于连接件螺栓孔竖向直径的 1/2，连接件的竖向孔径要小于螺母直径。连接件上的螺栓孔都应是长孔，以利于竖框的前后调整。竖框调整完后，将螺母拧紧，垫片与连接件间要进行几点点焊，以防止竖框的前后移动，同时螺栓与螺母间也要点焊。连接件与竖框接触处要加设尼龙衬垫隔离，防止电位差腐蚀。尼龙垫片的面积不能小于连接件与竖框接触的面积。第一层竖框安装完后，进行上一层竖框的安装。

②一般情况下，都以建筑物的一层高为一根竖框。金属幕墙随着温度的变化，材料在不停地伸缩。由于铝板、铝复合板等材料的热胀冷缩系数不同，这些伸缩如果被抑制，材料内部将产生很大应力，轻则会使整幅幕墙有响声，重则会导致幕墙变形，因此，框与框及板与板之间都要留有伸缩缝。伸缩缝处要采用特制插件进行连接，即套筒连接法，可适应和消除建筑挠度变形及温度变形的影响。插件的长度要保证塞入竖框每端

200 mm 以上，插件与竖框间用自攻螺钉或铆钉紧固。伸缩缝的尺寸要按设计而定，待竖框调整完毕后，伸缩缝中要用耐老化的硅酮密封胶进行密封，以防潮气及雨水等腐蚀铝合金框的断面及内部。

③在竖框的安装过程中，应随时检查竖框的中心线。较高的幕墙采用经纬仪测定，低幕墙可随时用线锤检查，如有偏差，应立即纠正。竖框的尺寸准确与否，将直接关系到幕墙质量。竖框安装的标高偏差应不大于 3 mm；轴线前后偏差应不大于 2 mm，左右偏差应不大于 3 mm；相邻两根竖框安装的标高偏差应不大于 3 mm；同层竖框的最大标高偏差应不大于 5 mm；相邻两根竖框的距离偏差应不大于 2 mm。竖框调整固定后，就可以进行横梁的安装了。

4）要根据弹线所确定的位置安装横梁。安装横梁时最重要的是要保证横梁与竖框的外表面处于同一立面上。

①横梁竖框间通常采用角码进行连接，角码一般用角铝或镀锌铁件制成。角码的一肢固定在横梁上，另一肢固定在竖框上，固定件及角码的强度应满足设计要求。

②横梁与竖框间也应设有伸缩缝，待横梁固定后，用硅酮密封胶将伸缩缝密封。

③应特别注意，用电钻在铝型材框架上钻孔时，钻头的直径要稍小于自攻螺栓的直径，以保证自攻螺栓连接的牢固性。

④横梁安装时，相邻两根横梁的水平标高偏差应不大于 1 mm。同层标高偏差：当一幅金属板幕墙的宽度小于或等于 35 m 时，应不大于 5 mm；当一幅幕墙的宽度大于 35 m 时，应不大于 7 mm。

⑤横梁的安装应自下向上进行。当安装完一层高度时，应进行检查、调整、校正，使其符合质量标准。

7. 保温防潮层安装

如果在金属板幕墙的设计中，即有保温层又有防潮层，那么应先在墙体上安装防潮层，然后再在防潮层上安装保温层。如果设计中只有保温层，则将保温层直接安装到墙体上。大多数金属板幕墙的设计通常只有保温层而不设置防潮层。

8. 防火棉安装

（1）应采用优质防火棉，抗火期限要达到有关部门要求。

（2）防火棉用镀锌钢板固定。应使防火棉连续地密封于楼板与金属板之间的空位上，形成一道防火带，中间不得有空隙。

9. 防雷保护设施

（1）幕墙设计时，应考虑使整片幕墙框架具有有效的电传导性，并可按设计要求提供足够的防雷保护接合端。

（2）大厦防雷系统及防雷接地措施一般由其他单位负责，要提供足够的幕墙防雷保护接合端，以与防雷系统直接连接。一般要求防雷系统直接接地，不应与供电系统合用接地地线。

10. 金属板安装及技术要求

（1）金属板安装前应作如下准备：

1）将分放好的金属板分送至各楼层适当位置。

2）检查铝（钢）框对角线及平整度。

3）用清洁剂将金属板靠室内面一侧及铝合金（型钢）框表面清洁干净。

4）按施工图将金属板放置在铝合金（型钢）框架上。

5）按施工图将金属板用螺栓与铝合金（型钢）骨架固定。

6）金属板与板之间的间隙一般为 10～20 mm，用密封胶或橡胶条等弹性材料封堵。

7）在垂直接缝内放置衬垫棒。

8）注胶时需将该部位基材表面用清洁剂清洗干净后，再注入密封胶。

9）安装横档处压盖。

（2）金属板安装技术要求：

1）玻璃件须放置于干燥通风处，并避免玻璃与电火花、油污及混凝土等腐蚀物质接触，以防板表面受损。

2）金属板件搬运时应有保护措施，以免损坏金属板。

3）注胶前，一定要用清洁剂将金属板及铝合金（型钢）框表面清洁干净，清洁后的材料必须在一小时内密封，否则重新清洗。

4）密封胶须注满，不能有空隙或气泡。

5）清洁用擦布必须及时更换以保持干净。

6）应遵守标签上的说明使用溶剂，且在使用溶剂场所严禁烟火。

7）注胶之前，应将密封条或防风雨胶条安放于金属板与铝合金（钢）型材之间。

8）根据密封胶的使用说明，注胶宽度与注胶深度之最合适尺寸比率为2（宽度）：1（深度）。

9）注密封胶时，应用胶纸保护胶缝两侧的材料，使之不受污染。

10）金属板安装完毕，在容易受污染部位用胶纸贴盖或用塑料薄膜覆盖保护；容易被划碰的部位，应设安全护栏保护。

11）清洁中所使用的清洁剂应对金属板、胶及铝合金（钢）型材等材料无任何腐蚀作用。

11. 节点构造和收口处理

墙板节点构造设计、水平部位的压顶、端部的收口、伸缩缝的处理、两种不同材料交接部位的处理等不仅对结构安全与使用功能有着较大的影响，而且也关系到建筑装饰效果。因此，各生产厂商十分注重节点的构造设计，并相应开发出与之配套的骨架材料和收口部件。现将目前国内常见的几种做法列举如下：

（1）墙板节点。对于不同的墙板，其节点处理略有不同，图 4-19～图 4-21 表示几种不同板材的节点构造。通常在节点的接缝部位容易出现上下边不齐或板面不平等问题，所以应先将一侧板安装，螺栓不拧紧，用横、竖控制线确定另一侧板安装位置，待两侧板均达到要求后，再依次拧紧螺栓，打密封胶。

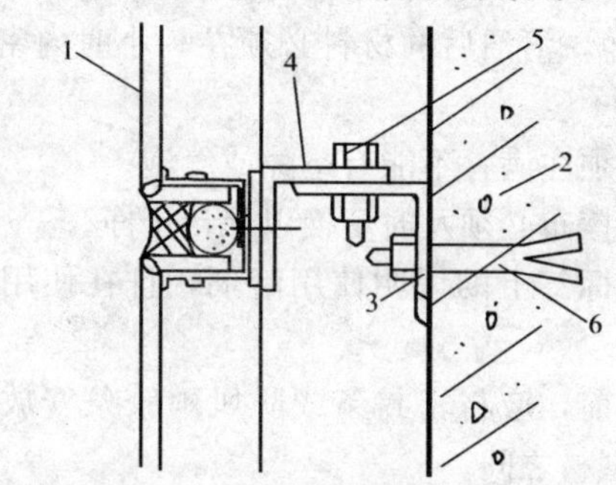

图 4-19 单板或铝塑板节点构造

1—单板式铝塑板；2—承重柱（或墙）；3—角支撑；4—直角型铝材横梁；5—调整螺栓；6—锚固螺栓

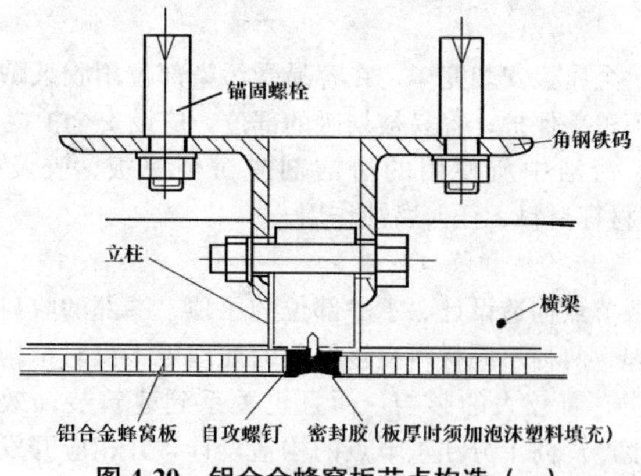

图 4-20 铝合金蜂窝板节点构造（一）

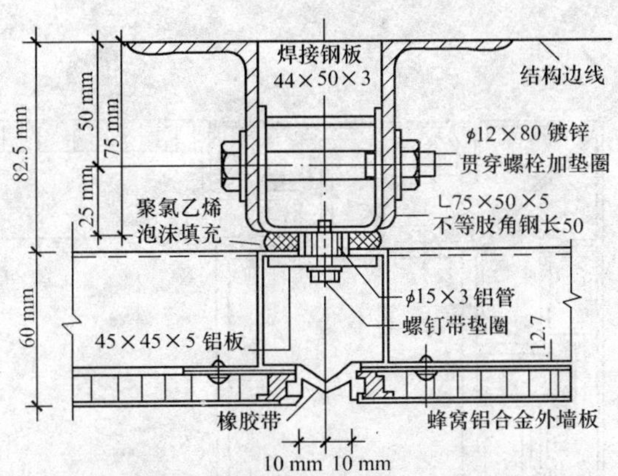

图 4-21　铝合金蜂窝板节点构造（二）

（2）转角部位的处理。通常是用一条直角铝合金（钢、不锈钢）板，与外墙板直接用螺栓连接，或与角位立梃固定。如图 4-22、图 4-23 所示。

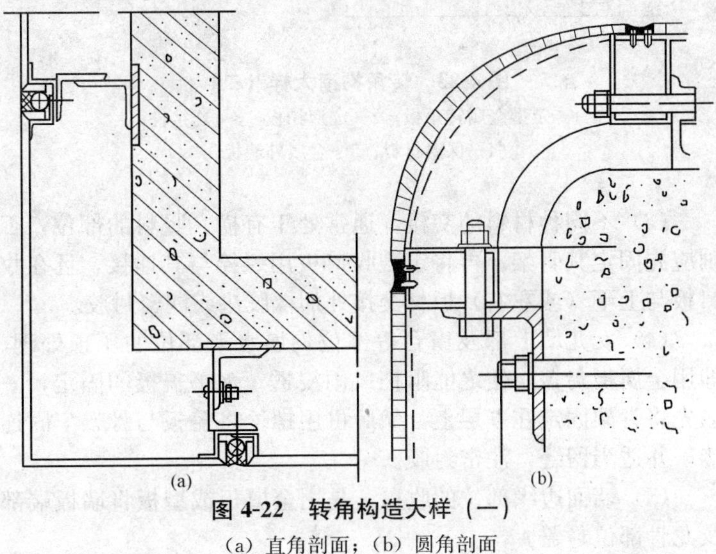

图 4-22　转角构造大样（一）

（a）直角剖面；（b）圆角剖面

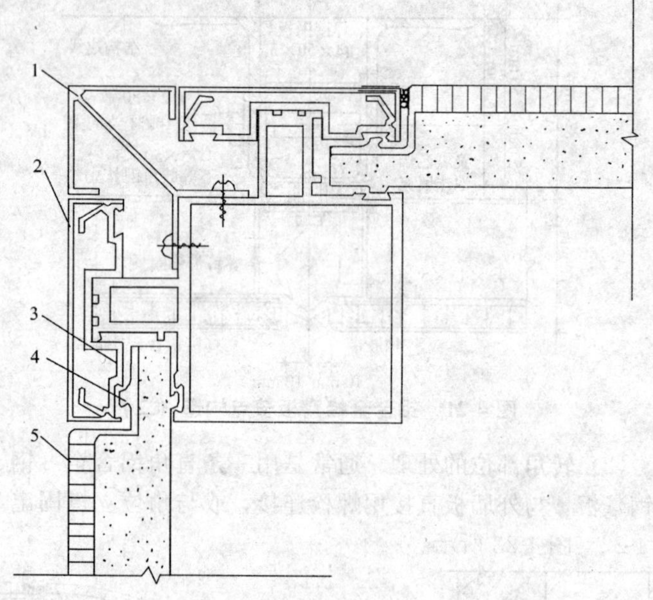

图 4-23　转角构造大样（二）

1—定型金属转角板；2—定型扣板；3—连接件；
4—保温材料；5—金属外墙板

（3）不同种材料的交接。通常处于有横、竖料的部位，否则应先固定其骨架。再将定型收口板用螺栓与其连接，且在收口板与上下（或左右）板材交接处加橡胶垫或注密封胶。

（4）女儿墙上部及窗台等部位均属水平部位的压顶处理。即用金属板封盖，使之能阻挡风雨浸透。水平盖板的固定，一般先将骨架固定在基层上，然后再用螺栓将盖板与骨架牢固连接，并适当留缝，注密封胶。

（5）墙面边缘部位的收口，是用金属板或型板将墙板端部及龙骨部位封盖。

(6) 墙面下端收口处理。通常用一条特制挡水板，将下端封住，同时将板与墙之间的缝隙盖住，防止雨水渗入室内。

(7) 变形缝的处理。其原则应首先满足建筑物伸缩、沉降的需要，同时亦应达到装饰效果。另外，该部位又是防水的薄弱环节，其构造点应周密考虑。现在有专业厂商生产该种产品，既保证其使用功能，又能满足装饰要求，通常采用异形金属板与氯丁橡胶带体系。

(六) 金属幕墙工程质量标准

(1) 主控项目。主控项目内容及验收要求见表4-30。

表4-30 主控项目内容及验收要求

项次	项目内容	质量要求	检验方法
1	材料、配件质量	金属幕墙工程所使用的各种材料和配件，应符合设计要求及国家现行产品标准和工程技术规范的规定	检查产品合格证书、性能检测报告、材料进场验收记录和复验报告
2	造型和立面分格	金属幕墙的造型和立面分格应符合设计要求	观察；尺量检查
3	金属面板质量	金属面板的品种、规格、颜色、光泽及安装方向应符合设计要求	观察；检查进场验收记录
4	预埋件、后置件	金属幕墙主体结构上的预埋件、后置埋件的数量、位置及后置埋件的拉拔力必须符合设计要求	检查拉拔力检测报告和隐蔽工程验收记录
5	立柱与预埋件、横梁的连接，面板安装	金属幕墙的金属框架立柱与主体结构预埋件的连接、立柱与横梁的连接、金属面板的安装必须符合设计要求，安装必须牢固	手扳检查；检查隐蔽工程验收记录
6	防火、保温、防潮材料	金属幕墙的防火、保温、防潮材料的设置应符合设计要求，并应密实、均匀、厚度一致	检查隐蔽工程验收记录

续表

项次	项目内容	质量要求	检验方法
7	框架及连接件防腐	金属框架及连接件的防腐处理应符合设计要求	检查隐蔽工程验收记录和施工记录
8	防雷装置	金属幕墙的防雷装置必须与主体结构的防雷装置可靠连接	检查隐蔽工程验收记录
9	连接节点	各种变形缝、墙角的连接节点应符合设计要求和技术标准的规定	观察；检查隐蔽工程验收记录
10	板缝注胶	金属幕墙的板缝注胶应饱满、密实、连续、均匀、无气泡，宽度和厚度应符合设计要求和技术标准的规定	观察；尺量检查；检查施工记录
11	防水	金属幕墙应无渗漏	在易渗漏部位进行淋水检查

（2）一般项目。一般项目内容及验收要求见表 4-31。

表 4-31　一般项目内容及验收要求

项次	项目内容	质量要求	检验方法
1	金属板表面质量	金属板表面应平整、洁净、色泽一致	观察
2	压条	金属幕墙的压条应平直、洁净、接口严密、安装牢固	观察；手扳检查
3	密封胶缝	金属幕墙的密封胶缝应横平竖直、深浅一致、宽窄均匀、光滑顺直	观察
4	滴水线、流水坡	金属幕墙上的滴水线、流水坡向应正确、顺直	观察；用水平尺检查

续表

<table>
<tr><th>项次</th><th>项目内容</th><th>质量要求</th><th>检验方法</th></tr>
<tr><td>5</td><td>每平方米金属板的表面质量</td><td>每平方米金属板的表面质量和检验方法应符合下表的规定：
<table>
<tr><th>项次</th><th>项目</th><th>质量要求</th><th>检验方法</th></tr>
<tr><td>1</td><td>明显划伤和长度>100 mm 的轻微划伤</td><td>不允许</td><td>观察</td></tr>
<tr><td>2</td><td>长度≤100 mm 的轻微划伤</td><td>≤8 条</td><td rowspan="2">用钢尺检查</td></tr>
<tr><td>3</td><td>擦伤总面积</td><td>≤500 mm²</td></tr>
</table>
</td><td>观察；钢尺检查</td></tr>
</table>

（3）金属幕墙安装的允许偏差和检验方法。金属幕墙安装的允许偏差和检验方法见表 4-32。

表 4-32 金属幕墙安装的允许偏差和检验方法

项次	项目		允许偏差/mm	检验方法
1	幕墙垂直度	幕墙高度≤30 m	10	用经纬仪检查
		30 m<幕墙高度≤60 m	15	
		60 m<幕墙高度≤90 m	20	
		幕墙高度>90 m	25	
2	幕墙水平度	层高≤3 m	3	用水平仪检查
		层高>3 m	5	
3	幕墙表面平整度		2	用 2 m 靠尺和塞尺检查
4	板材立面垂直度		3	用垂直检测尺检查

续表

项次	项　　目	允许偏差/mm	检验方法
5	板材上沿水平度	2	用 1 m 水平尺和钢直尺检查
6	相邻板材板角错位	1	用钢直尺检查
7	阳角方正	2	用直角检测尺检查
8	接缝直线度	3	拉 5 m 线，不足 5 m 拉通线，用钢直尺检查
9	接缝高低差	1	用钢直尺和塞尺检查
10	接缝宽度	1	用钢直尺检查

（七）质量通病及防治

金属板幕墙涉及工种较多，工艺复杂，施工难度大。故也比较容易出现质量问题。通常出现的问题及原因和防治方法见表 4-33。

表 4-33　金属板幕墙通病、原因及防治方法

序号	现　象	原　因	防治方法
1	板面不平整，接缝不平齐	连接码件固定不牢，产生偏移；码件安装不平直；金属板本身不平整等	确保连接件的固定，并在码件固定时放通线定位，且在上板前严格检查金属板质量
2	密封胶开裂，产生气体渗透或雨水渗漏	注胶部位不洁净；胶缝深度过大，造成三面黏结；胶在未完全黏结前受到灰尘沾染或损伤等	充分清洁板材间缝隙（尤其是黏结面），并加以干燥；在较深的胶缝中充填聚氯乙烯发泡材料（小圆棒），使胶形成两面黏结，保证其嵌缝深度小于缝宽度；注胶后认真养护，直至其完全硬化

续表

序号	现　象	原　　因	防治方法
3	预埋件位置不准致使横、竖料很难与其固定连接	预埋件安放时偏离安装基准线；预埋件与模板、钢筋的连接不牢，使其在浇筑混凝土时位置变动	预埋件放置前，认真校核其安装基线，确定其准确位置；采取适当方法将预埋件模板、钢筋牢固连接（如绑扎、焊接等）。 若结构施工完毕后已出现较大的预埋偏差或个别漏放，则需及时进行补救。其方法为： （1）预埋件向内凹入超出允许偏差范围，采用加长铁码补救。 （2）预埋件向外凸出超出允许偏差范围，采用缩短铁码或剔去原预埋件，改用膨胀螺栓将铁码坚固于混凝土结构上。 （3）预埋件向上或向下偏移超出允许偏差范围，则修改立柱连接孔或采用膨胀螺栓调整连接位置。 （4）预埋件漏放，采用膨胀螺栓连接或剔出混凝土后重新埋设。 以上修补方法需经设计部门认可
4	胶缝不平滑充实，胶线不平直	打胶时，挤胶用力不匀，胶枪角度不正确，刮胶时不连续	连接均匀挤胶，保持正确的角度，将胶注满后用专用工具将其刮平，表面应光滑无皱纹

续表

序号	现 象	原 因	防治方法
5	成品污染	金属板安装完毕后，未及时保护，使其发生碰撞变形、变色、污染、排水管堵塞等现象	施工过程中要及时清除板面及构件表面的黏附物；安装完毕后立即从上向下清扫，并在易受污染破坏的部位贴保护胶纸或覆盖塑料薄膜，易受磕碰的部位设护栏

第二节 金属饰面板安装

金属装饰板具有耐磨、耐用、耐腐蚀及能满足防火要求等的优点，并且易于成型，外表美观，装饰效果好，所以在现代建筑装饰中，金属装饰板的使用比较广泛。常用的金属装饰板有：不锈钢装饰板、铝合金装饰板、烤漆钢板和复合钢板等。

一、不锈钢装饰板安装

1. 性能特点

（1）镜面不锈钢板。镜面不锈钢板有耐火、耐潮、耐腐蚀、易清洁、不易变形和破碎等特点，安装施工方便，但硬尖物容易划伤表面。其表面细腻、光滑、光亮如镜是经过高精度研磨，其反射率、变形率均与高级镜面相似，并有与玻璃镜不同的装饰效果。

（2）彩色不锈钢板。彩色不锈钢板的颜色有蓝、灰、紫、红、青、绿、金黄、橙及茶色等，是在不锈钢板上进行技术和艺术加工，使其成为各种色彩绚丽的不锈钢板。该板具有抗腐蚀性能、良好的机械性能等特点，由于有了彩色面层，其机械性能更有所提高。彩色面层能耐 200 ℃的温度，耐盐雾腐蚀性能超过一般不锈钢，耐磨、耐刻画性能相当于箔层镀金的性能。弯曲 90°彩色层不会损坏，并且彩色层经久不褪色。色泽随光照角度不同呈变幻色调的效果。所以彩色不锈钢装饰板不仅坚固耐用，新颖美观，而且具有强烈的时代气息。

2. 操作程序

放线→预埋连接铁件→框架安装→衬底（木质或薄钢板）安装→不锈钢饰面板安装→板缝处理。

3. 施工要点

（1）墙面及方柱面上安装不锈钢板，通常需要胶合板做基层。在平面上用万能胶把不锈钢板面粘贴在胶合板基层上，在转角处用不锈钢型材封边，并用硅酮胶封口。

（2）圆柱面上安装不锈钢板，通常是将不锈钢板按设计要求加工成曲面。一个圆柱面一般由两片或三片不锈钢曲面组装而成。安装的关键在片与片间衔接处，其方式有直接卡口式和嵌槽压口式两种。

（3）方柱用不锈负饰面角位处理。其处理方法通常有阳角形、阴角形和斜角形。其所用材料有木角或铝合金、不锈钢、黄铜角等。

（4）板缝处理。镜面不锈钢嵌槽压口：先把不锈钢板放在对口处的凹槽中间，两边空出的间隙相等，宽度约为 1 mm 左右，在木衬条上涂胶粘剂，不锈钢槽条内面也涂薄薄一层胶液，待胶面不粘手时，将木条嵌入不锈钢槽条。木衬条尺寸的准确和安装位置的精确，直接影响镜面不锈钢柱面的质量，因此在木衬安装前，应先与不锈钢槽条试配，使其配合松紧适度，形状准确。木衬条的高度一般不大于不锈槽内深度加 0.5 mm。

镜面不锈钢圆柱竖缝对缝卡口式连接：较粗的镜面不锈钢柱装修时，受材料规格尺寸限制，需将圆柱面划分为均等的 2 份或 3 份来制作时，就会有竖向对缝。直接卡口式接缝是在两片不锈钢板对口处，安装一个不锈钢板时，只要将不锈钢板一端的弯钩钩入卡口槽内，再用力按板的另一端，利用金属板本身的弹性，将其卡入另一个卡口槽内。

二、铝合金装饰板安装

铝合金板用于内外墙装饰，不仅效果好，施工简便，而且同其他类型的饰面材料相比，在某些方面更能满足功能及艺术上的要求。铝合金板多使用古铜色氧化膜的板条，其材料本身就夺人眼目，再加上醒目的标志，更能体现建筑物的风格，所以在商业建筑中，入口处的门脸、柱面、墙裙、招牌的衬底等部位，用铝合金板装饰，也是目前常用的一种饰面做法。

1. 施工准备

(1) 检查主体结构预埋件设置的位置是否符合设计、施工要求。

(2) 检查、验收主体结构的垂直度和强度是否符合设计要求。

(3) 检查水暖、电气管道安装是否符合设计要求。

(4) 铝合金板及配件应分类堆放，防止碰坏变形。

(5) 施工工具。电动冲击钻、手枪电钻、型材切割机、角尺、水平层、钢皮尺、画线铁笔、粉线袋等。

2. 施工工艺

(1) 铝合金墙板施工是一项细活，工程质量要求高，技术难度比较大。所以，施工前应认真查阅图纸，领会设计意图。

(2) 铝合金板墙面由铝合金板与骨架组成，如图 4-24 所示。骨架固定在主体结构上，因此，要求主体结构的垂直度及平整度一定要符合质量要求，否则不能施工。

(3) 固定骨架的连接件与结构之间，可以同结构的预埋件焊牢，也可在墙上打膨胀螺栓固定。

(4) 所有的骨架和连接件，应进行防锈、防腐处理。

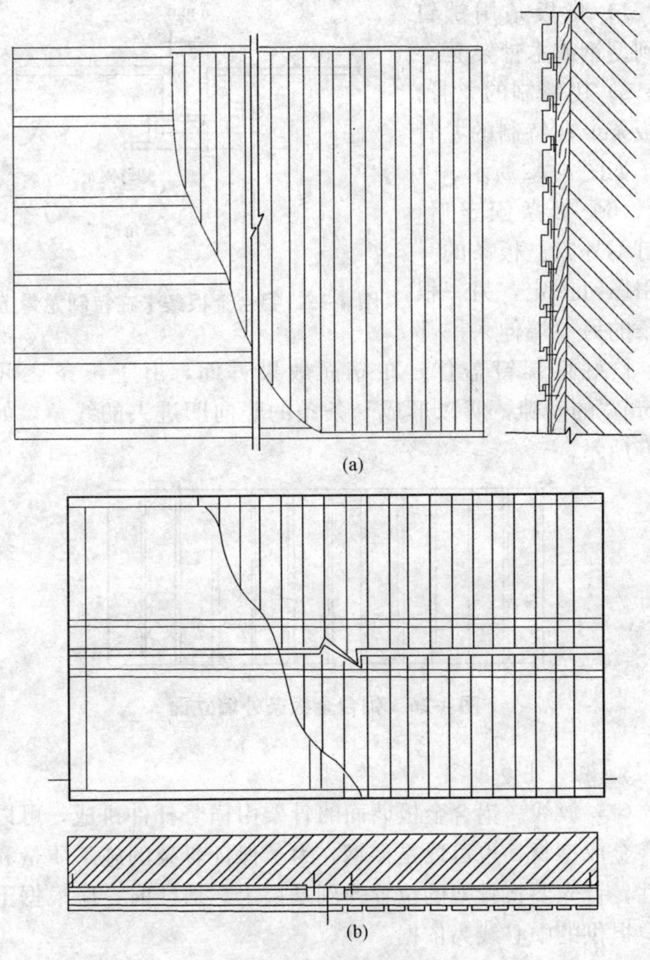

(a)

(b)

图 4-24 铝合金扣板

(a) 木墙筋铝扣板立、剖面图；(b) 角钢墙铝扣板立、剖面图

(5) 铝合金板的固定既要牢固又要简便易行。在任何情况下，不允许发生安全问题。常用的固定方法有两种：

1）将板条用螺钉拧到型钢或木骨架上。

2）用特制的龙骨，将板条卡在特制的龙骨上，如图 4-25 所示。

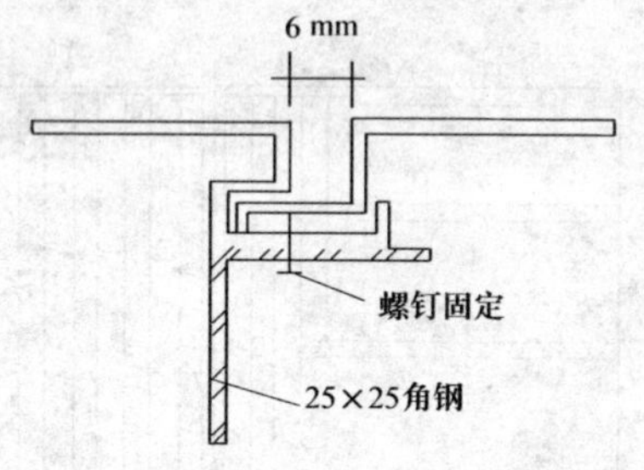

图 4-25　铝合金板条卡在特制龙骨上

（6）板条固定后，螺钉不外露。板条的一端用螺钉固定，另一根板条的另一端伸入一部分，恰好将螺钉盖住。在立面效果方面，由于板条之间有 6 mm宽的间隙，所以形成一条条的竖向凹进去的线角，如图 4-26 所示。

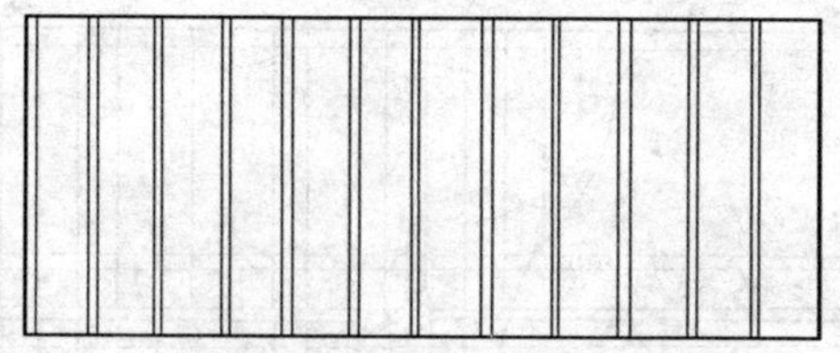

图 4-26　铝合金板条外墙立面

3. 施工注意事项

（1）放线。铝合金板墙面的骨架由横竖杆件拼成，可以是铝合金成型材，也可以是型钢。为了保证骨架的施工质量和准确性，首先要将骨架的位置弹到基层上。放线时，应根据土建单位提供的中心线为依据。

（2）固定骨架的连接件。骨架的横竖杆件通过连接件与结构固定。连接件与结构之间，可以同结构预埋件焊牢，也可在墙上打膨胀螺栓。无论用哪一种固定法，都要尽量减少骨架杆件尺寸的误差，保证其位置的准确性。

（3）固定骨架。骨架在安装前均应进行防腐处理，固定位置要准确，骨架安装要牢固。

（4）骨架安装检查。骨架安装质量决定铝合金板的安装质量。因此，安装完毕，应对中心线、表面标高等影响板安装的因素作全面的检查。有些高层建筑的大面积外墙板，甚至用经纬仪对横竖杆件进行贯通，从而进一步保证板的安装精度。要特别注意变形缝、沉降缝、变截面的处理，使之满足使用要求。

（5）安装铝合金板。铝合金板安装应注意以下几点：

1）安装方法为：根据板的截面类型，可以采取螺钉拧到骨架上，也可将板卡在特制的龙骨上。

2）安装时要认真，保证安全牢固第一。

3）板与板之间，一般留出一段距离，常用的间隙为 10～20 mm，至于缝的处理，有的用橡皮条锁住，有的注硅密封胶。

4）铝合金板安装完毕，在易于污染或易于碰撞的部位应加强保护。对于污染问题，多用塑料薄膜进行覆盖。而易于划破、碰撞的部位，则设一些安全保护栏杆。

（6）收口处理。各种材料饰面，都有一个如何收口的问题。例如水平部位的压顶、端部的收口、伸缩缝、沉降缝的处理，两种不同材料的交接处理等。在铝合金墙板中，多用特制的铝合金型板进行上述这些部位的处理。

1）转角部位处理。图 4-27 是目前在转角部位常用的处理手法，图 4-28 是转角部位节点大样。

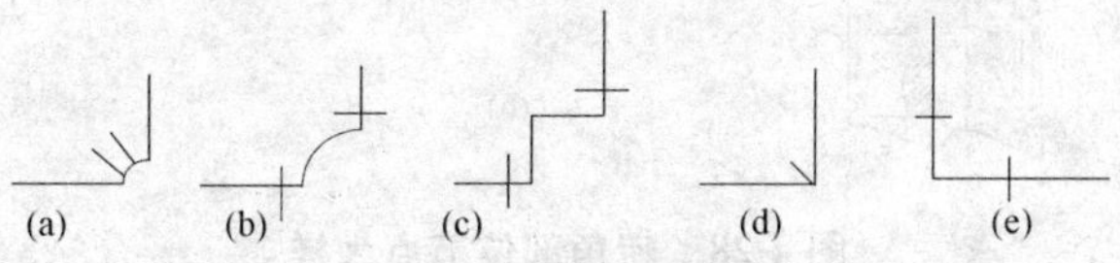

图 4-27 转角部位处理

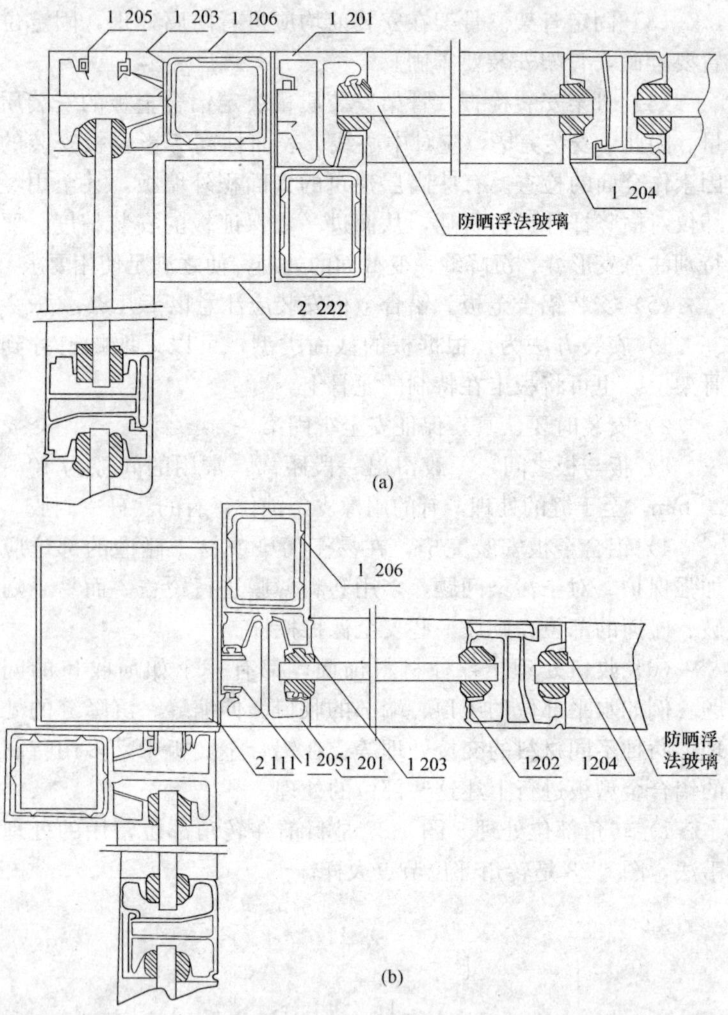

图 4-28 转角部位节点大样

（a）银白色铝幕墙外转角大样图；（b）银白色铝幕墙内转角大样图

2）水平部位处理。窗台、女儿墙的上部，均属于水平部位的压顶处理。对于铝合金墙面，压顶的材料最适合用铝合金成型板，如图 4-29 所示。水平盖板的固定办法较多，一般先在基层焊上钢骨架，然后用螺栓将盖板固定在骨架上。板的接长部位宜留出 5 mm 左右的间隙，然后再用胶密封。

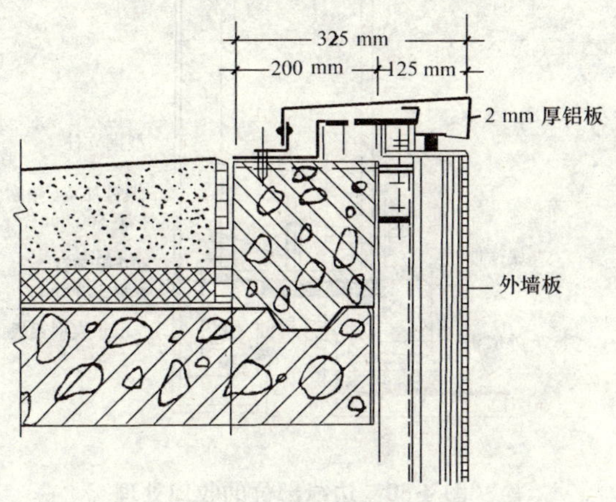

图 4-29 水平盖板构造大样

3）墙边缘部位的收口处理。图 4-30 所示的节点大样，是墙面边缘部位的收口处理。利用铝合金成型板将墙端部及龙骨部位封住。

4）墙下边收口处理。图 4-31 所示的节点大样，是铝合金板墙面下端的收口处理。用一条特制的披水板，将板的下端封住，同时也将板与墙之间的间隙盖住，防止雨水从此部位渗入室内。

5）伸缩缝的处理。伸缩缝、沉降缝的处理，首先要考虑适应建筑物伸缩、沉降的需要。另外，此部位也是防水的薄弱环节，其构造节点应进行周密考虑。

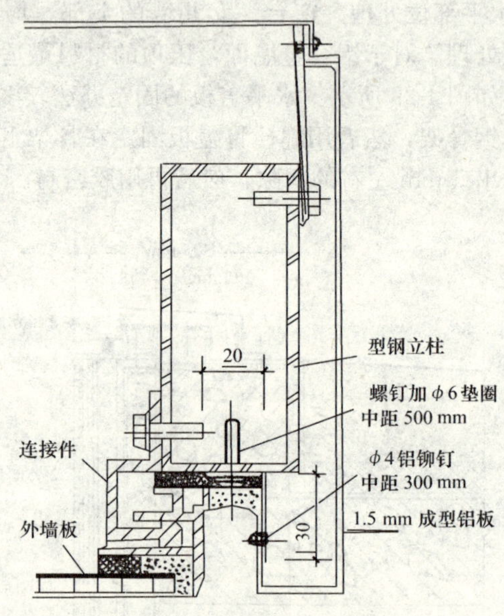

图 4-30　边缘部位的收口处理

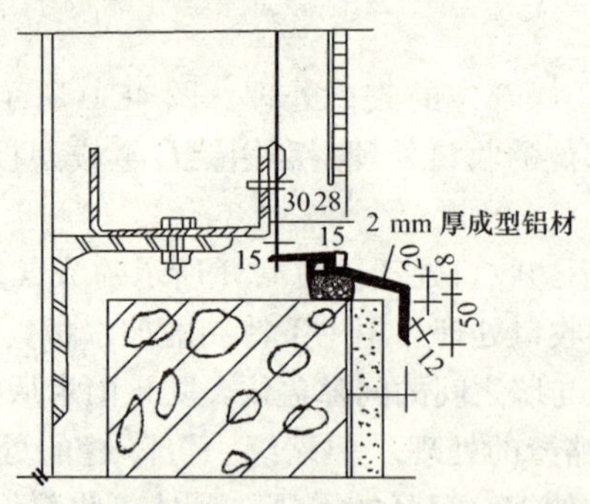

图 4-31　墙面下端收口处理

三、彩色涂层钢板安装

彩色涂层钢板是以横竖向骨架（即墙筋）固定在承重结构上。当骨架与墙体连接时，在墙体内要先埋件，再立筋，然后进行安装板材和板缝处理。

1. 施工程序

彩色涂层钢板安装施工程序：预埋连接件→立墙筋→安装墙板→板缝处理。

2. 施工工艺

（1）预埋连接件。在砖墙体中可埋入带有螺栓的预制混凝土块或木砖。在混凝土墙体中可埋入$\phi 8 \sim \phi 10$钢筋套螺纹螺栓，也可埋入带锚筋的钢板。所有预埋件的间距应按墙筋间距埋入。

（2）立墙筋。在墙筋表面上拉水平线、垂直线、确定预埋件的位置。墙筋材料可选用∟ 30×3、[25×12×14、木条30 mm×50 mm。竖向墙筋间距为900 mm，横向墙筋间距500 mm。竖向布板时可不设竖向墙筋；横向布板时可不设横向墙筋，而将竖向墙筋缩小到500 mm。施工时要保证墙筋与预埋件连接牢靠，连接方法为钉、拧、焊接。在墙角、窗口等部位必须设墙筋，以免端部板悬空。

（3）安装墙板。本工艺最重要的工序，为确保工程质量，施工时应特别注意按下述要求操作：

1）安装墙板要按照设计节点详图进行，安装前要检查墙筋位置，计算板材及缝隙宽度，进行排版、画线定位。

2）要特别注意异形板的使用，在窗口和墙转角处使用异形板可以简化施工，增加防水效果。

3）墙板与墙筋用铁钉、螺钉及木卡条连接。安装板的原则是按节点连接做法，沿一个方向顺序安装，方向相反则不易施工。如果墙筋或墙板过长，可用切割机切割。

图 4-32 为金属墙板连接方法，图 4-33 为异形墙板使用方法。

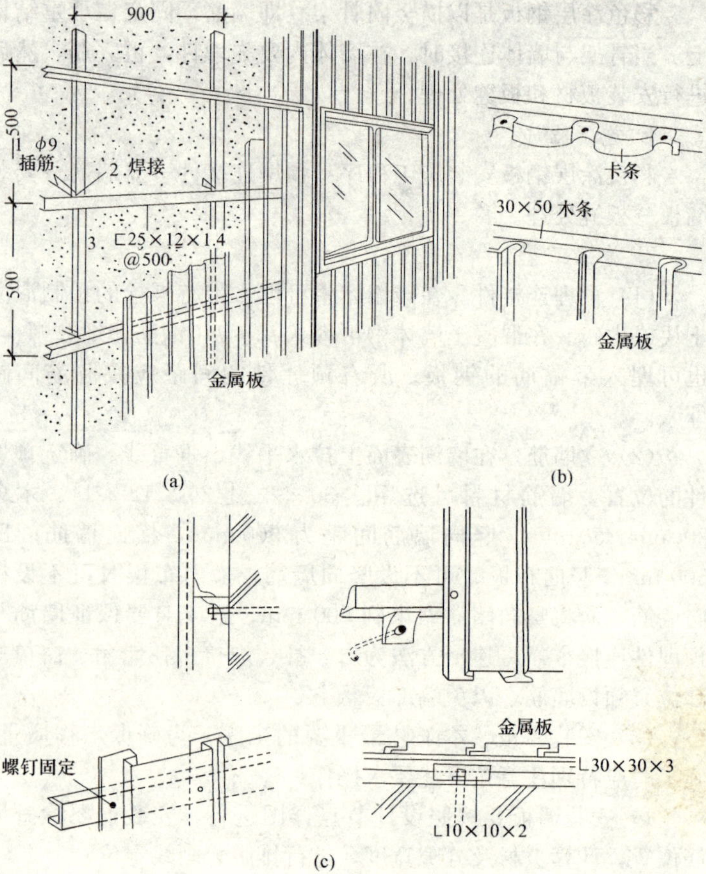

图 4-32 金属墙板连接方法

(a) 墙板连接方法；(b) 卡条连接方法；(c) 铁钉、螺钉连接方法

(4) 板缝处理。尽管彩色涂层钢板在加工时其形状已考虑了防水性能，但若遇到材料弯曲、接缝处高低不平，其形状的

防水功能可能失去作用，在边角部位这种情况尤为明显，因此一些板缝填防水材料也是必要的。

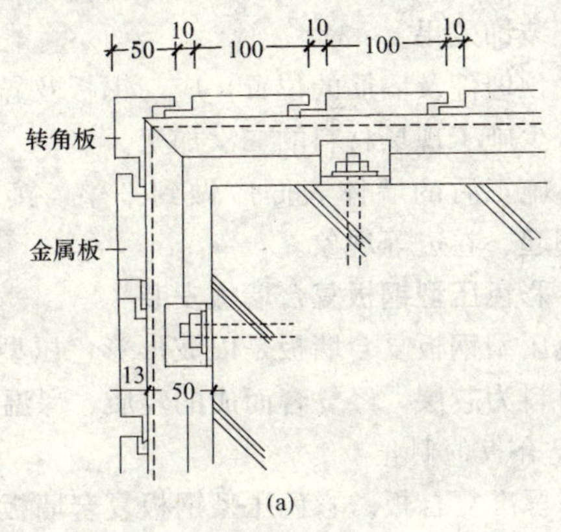

(a)

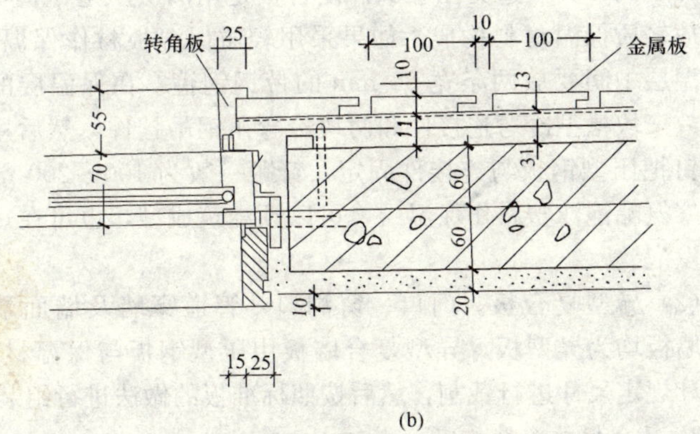

(b)

图 4-33 异型墙板使用方法

3. 施工注意事项

(1) 在开工前应先检查彩色涂层钢板型材是否符合设计要求，规格是否齐全，颜色是否一致。

（2）支承骨架（即墙筋）应进行防腐、防火、除锈处理，特别是钢板的切边打孔处更应注意做防锈处理，以提高其耐久性，保证装饰效果。

（3）预埋件及墙筋的位置，应与钢板及异型板规格尺寸一致，以减少施工现场材料的二次加工。

（4）施工后的墙体表面应做到平整，接缝严密，连接可靠，无翘起、卷边等现象。

四、彩色压型钢板复合墙板安装

彩色压型钢板复合墙板是以波形彩色压型钢板为面板，轻质保温材料为芯层，经复合而成的轻质、保温墙板。

1. 复合板的制作

（1）标准复合板。彩色压型钢板复合墙板是按设计图进行制作加工的，其构造见图 4-34。复合板是用两层压型钢板，中间填放轻质保温材料构成。如果采用轻质保温板材作保温层，在保温层中间要放两条宽 50 mm 的带钢钢箍，在保温层的两端各放三块槽型冷弯连接件和两块冷弯角钢吊挂件，然后用自攻螺钉把压型钢板与连接件固定，钉距一般为 100～200 mm。若用聚氨酯泡沫塑料作保温层，可以预浇筑成型，也可在现场喷雾发泡。

（2）异型复合板。门口、窗洞口、管道穿墙及墙面端头处，墙板均为异型板，异型复合墙板用压型钢板与保温材料，按设计规定尺寸进行裁割，然后按照标准板的做法进行组装。

2. 复合板的安装施工

（1）复合板安装是用吊挂件把板材挂在墙身骨架檩条上，再把吊挂件与骨架焊牢，小型板材，也可用钩形螺栓固定。

（2）板与板之间的连接，水平缝为搭接缝，竖缝为企口缝，所有接缝处，除用超细玻璃棉塞严外，还要用自攻螺钉钉牢，钉距为 200 mm。

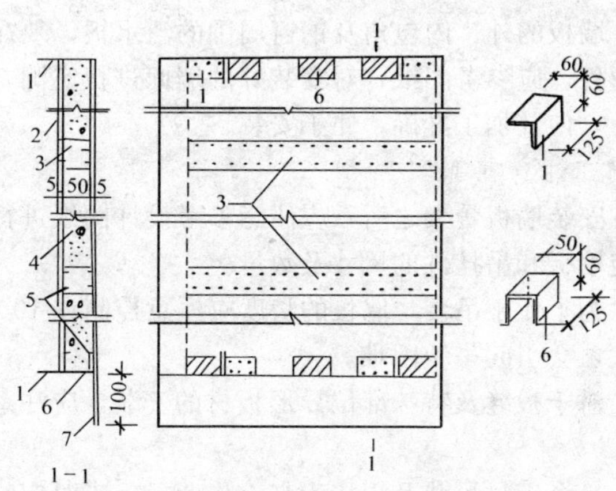

图 4-34　复合板构造

1—冷弯角钢吊挂件；2—压型钢板；3—钢箍；
4—聚苯乙烯，泡沫保温板；5—自攻螺钉；
6—冷弯槽钢；7—压型钢板

(3) 门窗孔洞、管道穿墙及墙面端头处，墙板均为异型板；女儿墙顶部、门窗周围均设防雨泛水板，泛水板与墙板的接缝处，用防水油膏嵌缝；压型板墙转角处，均用槽型转角板进行外包角和内包角，转角板用螺栓固定。

(4) 安装墙板可采用脚手架，或利用檐口挑梁加设临时单轨，操作人员在吊篮上安装和焊接。板的起吊可在墙的顶部设滑轮，然后用小型卷扬机或人力吊装。

(5) 墙板的安装顺序是从厂房边部竖向第一排下部第 1 块板开始，自下而上安装。安装完第一排再安装第二排。每安装铺设 10 排墙板后，吊线锤检查一次，以便及时消除误差。

(6) 为了保证墙面外观质量，须在螺栓位置画线，按线开孔，采用单面施工的钩形螺栓固定，使螺栓的位置横平竖直。

(7) 墙板的外、内包角及钢窗周围的泛水板，须在现场加工的异形件，应参考图纸，对安装好的墙面进行实测，确定其形状尺寸，使其加工准确，便于安装。

3. 施工注意事项

(1) 安装墙板骨架之后，应注意参考设计图纸进行一次实测，确定墙板和吊挂件的尺寸及数量。

(2) 为了便于吊装，墙板的长度应注意控制在 10 m 以内。板材过大，会引起吊装困难。

(3) 对于板缝及特殊部位异形板材的安装，应注意做好防水处理。

(4) 复合板材吊装及焊接为高空作业，施工时应特别注意安全。

五、漆面金属板安装

漆面金属板是指在铝合金板、钢板等金属板表面做各种涂层的饰面板。如搪瓷钢板、碳氟喷涂铝合金板、碳氟喷涂钢板，在铝合金板上作“耐色光”或 PVF2 滚涂处理等。

1. 性能特点

在表面做各种漆面、涂层的金属板可以有各种品种、规格，根据设计要求可以加工制作各种方板、条板、扣板等断面形状的装饰板。

在表面做不同漆面、涂层的金属饰面板，因其表面漆面、涂层色彩丰富、牢固耐久而具有与其他着色处理所不及的特性。

目前在金属幕墙、室外柱面所用的板材，表面多是碳氟聚合物。此种板材的表面的光泽及耐气候性能都远远大于其他涂层，价格也较其他板材贵。

2. 施工要点

固定漆面金属板的施工方法概括起来分为两种。一种是将板条或方板用螺钉拧到型钢或木骨架上；另一种是用特制的龙骨，将扣板条卡在特制的龙骨上。有时可将两种方法混合使用。

（1）放线：将支撑骨架安装位置准确地按设计图要求弹至主体结构上，并详细标注固定件位置。如果设计无要求则按固定条板、扣板的龙骨（构件）应垂直于条板、扣板的方向布置，间距在 500 mm 左右。如果装修的墙面面积较大或是将安装金属方板，固定金属板的龙骨（构件）应横竖焊接成网架，放线时应依据网架的尺寸弹放。放线的同时应对主体结构尺寸进行校核，如发现较大误差应进行修理，使基层的平整度、垂直度满足骨架安装的平整度、垂直度要求。

（2）安装固定联结件：一般采用膨胀螺栓固定连接件，在墙面标注位置，先准确装好。对于木龙骨架则可采用钻孔，打入木楔的办法。

（3）骨架安装：用螺栓或焊接方法安装骨架，安装中应随时检查标高、中心线位置。对于面积较大、层高较高的外墙铝板饰面骨架竖杆，必须用线坠和仪器测量校正，保证垂直度和平整度。同时处理好变截面、沉降、变形缝处细部。

所有骨架表面应作防锈、防腐处理，连接焊缝必须涂防锈漆。固定连接件应作隐蔽检查记录（包括连接焊缝长度、厚度、位置，膨胀螺栓的埋置标高、数量与嵌入深度），必要时还应作抗拉、抗拔测试。

（4）金属装饰板安装。

1）先用电钻在拧螺钉的位置钻一个孔，再将装饰板用自攻螺钉拧牢。若在木骨架上固定，可用木螺钉将装饰板钉固在木骨架上。采用木龙骨、木螺钉一般是在室内墙、柱面。固定螺钉的间距为 500 mm 左右。板条的一边用螺钉固定，另一边则是插入前一根条板槽口一部分，正好盖住螺钉，安装完成的墙、柱面不见一个螺钉外露。

2）对于方板，由于没有做槽口承插，所以固定时要留缝，板与板之间留缝一般为10～20 mm。为了遮挡螺钉及配件，缝隙中用橡胶条或其他密封胶等弹性材料作嵌缝处理。

3）为了保护成品，金属饰面板材上原有的不干胶保护膜，在施工中应保留完好，不得损坏或揭掉。对于没有保护膜的材料，在安装完成以后应用塑料胶纸覆盖，加以保护，易被划、碰处应加栏杆的防护，直至工程交验。

（5）收口处理。

1）转角收口处理：通常采用1.5 mm厚铝合金板压制成特定形状，作铝合金饰面板转角处收口。如采用其他金属装饰板，则转角收口应用相同材料制作。并使收口连接板的颜色与墙面金属装饰板颜色相一致。

2）窗台、女儿墙上部收口处理：为能阻挡风雨浸透，窗台、女儿墙的上部应做水平盖板压顶处理。女儿墙上的金属盖板应做防水，即在板的接长部位应用胶密封。

3）墙面边缘部位收口处理：是用金属装饰成型板将墙板的端部及龙骨部位封住。

4）墙面下端收口处理：用一条特制的披水板，将板的下端封住，同时将板与墙之间的间隙盖住，防止雨水渗入室内。

5）变形缝的收口处理：在外墙伸缩缝、沉降缝处用特制的氯丁橡胶带卡在凹槽内进行防水处理是一种方法，还可以用压板、螺钉顶紧。

（6）将条板、扣板卡在特制龙骨上。有卡口的条板或扣板卡在特制龙骨上。龙骨由镀锌钢板冲压而成。施工时的放线、龙骨安装与安装型钢骨架基本相同，当龙骨与墙体结构固定牢固以后就可以安装条板、扣板，将板条卡在龙骨的顶面。此种方法施工简捷，拆换方便，被广泛应用。

六、金属饰面板施工常见质量问题及处理

金属饰面板施工常见质量问题及处理见表 4-34。

表 4-34　金属饰面板施工质量通病、原因及防治措施

项次	质量通病	原因分析	防治措施
1	纸面石膏板墙体板面开裂、鼓胀	安装时纵、横碰头缝未拉开	安装时纵、横碰头缝应拉开 5～8 mm，嵌腻子填平
2	抽芯铝铆钉间距过大	抽芯铝铆钉未按规范控制间距	抽芯铝铆钉中间应垫橡胶垫圈，间距控制在 100～150 mm范围内
3	板材透缝、压楼渗漏	拼缝未按规范要求施工，压楼不符合风向要求	（1）板缝必须采取搭接，其搭接宽度应符合设计要求，严禁对缝相接； （2）压楼必须按主导风向安装，严禁逆向安装

第三节　金属门窗安装

金属门窗包括钢门窗、铝合金门窗、涂色镀锌钢板门窗等。

一、钢门窗安装

1. 钢门窗类型

普通钢门窗主要分为实腹钢门窗和空腹钢门窗两大类，其详细情况如下：

（1）实腹钢门窗。实腹钢门窗材料主要采用热轧门窗框钢和小量冷轧或热轧型钢。框料高度分 25 mm、32 mm、40 mm 三类，门用钢板 1.5 mm 厚。材料的钢号、化学成分和产品加工质量、五金配件质量及装配效果，均应符合国家现行标准和

有关规定。

钢窗及腰窗玻璃、钢门腰窗分格玻璃一般采用 3 mm 厚净白片，大玻璃钢窗及玻璃钢门均采用 5 mm 厚净片玻璃。纱门窗一般采用 16 目的金属纱。

油灰采用按质量胡麻干油：桐油：石膏粉＝20：60：20 配合的油灰膏或其他优质油灰膏。

（2）空腹钢门窗。空腹钢门窗选用普通碳素钢，门框扇料采用高频焊接钢管，门板采用 1 mm 厚冷轧冲压槽形钢板；钢窗料采用 1.2 mm 厚带钢，高频焊接轧制成型。

钢门窗焊接采用二氧化碳保护焊。

涂料用红丹酚醛防锈漆；密封条为橡胶制品，伸长率≥25%，肖氏硬度为 38±3°，拉断强度≥5.88 MPa，老化系数（70±2 ℃的温度下经 72 h）不小于 0.85；玻璃一般为 3 mm 厚净片，但高于1 100 mm的大玻璃采用 5 mm 厚净片玻璃。窗纱采用 16 目铁纱或铝纱。

2. 钢门窗基本构造

（1）钢窗的构造。钢窗从构造类型上有“一玻”及“一玻一纱”之分。实腹钢窗料的选择一般与窗扇面积、玻璃大小有关，通常 25 mm 钢料用于 550 mm 宽度以内的窗扇；32 mm钢料用于 700 mm 宽的窗扇；38 mm 钢料用于 700 mm 宽的窗扇。

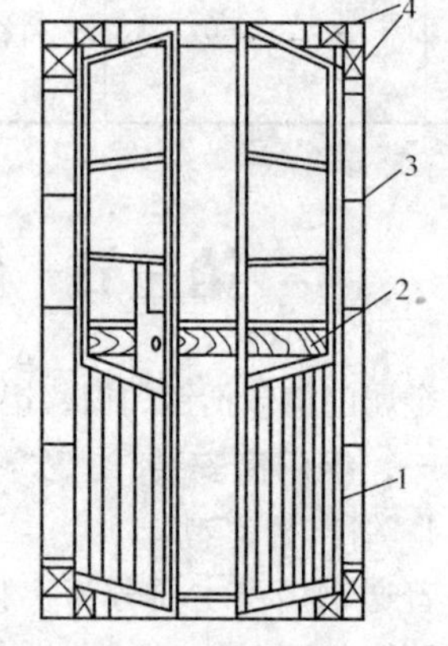

图 4-35 钢门安装基本形式

1—门洞口；2—临时木撑；3—铁脚；4—木楔

（2）钢门的构造。钢门安装基本形式见图 4-35。钢门的形式有半玻璃钢板门（也可为全部玻璃，仅留下部少许钢板，常称为落地长窗）、满镶钢板的门（为安全和防火之用），见图 4-36。

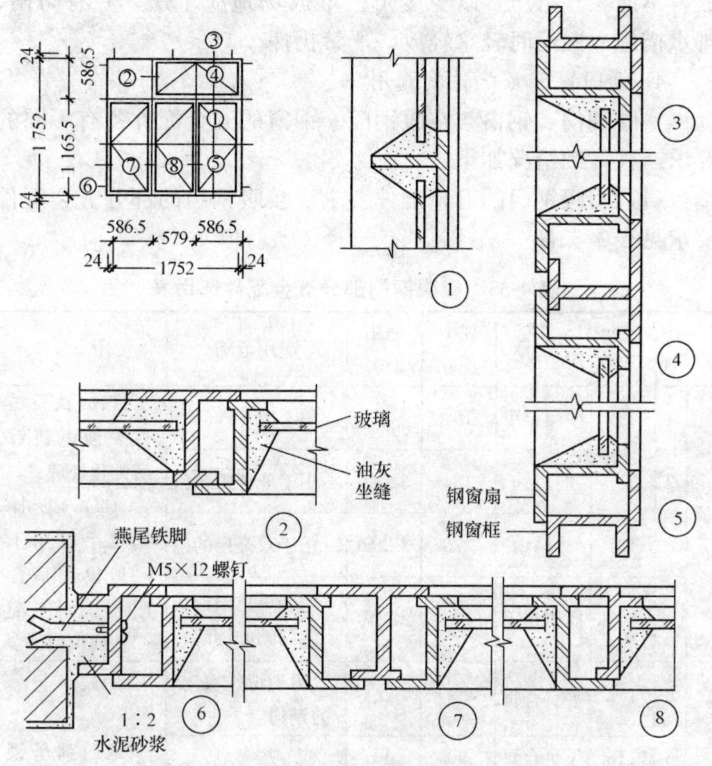

图 4-36　钢窗构造示例（单位：mm）

3. 钢门窗安装材料

（1）钢门窗。钢门窗厂生产的合格的钢门窗，型号品种要符合设计要求。

（2）水泥、砂。水泥 42.5 级以上，砂为中砂或粗砂。

（3）玻璃、油灰。按设计要求选用玻璃、油灰。

(4) 焊条。选用符合要求的电焊条。进场前应先对钢门窗进行验收，不合格的不准进场。运到现场的钢门窗应分类堆放，不能参差挤压，以免变形。堆放场地应干燥，并有防雨、排水措施。搬运时轻拿轻放，严禁扔摔。

4. 钢门窗五金配件的选用

实腹钢门、钢窗与空腹钢门、钢窗的五金配件各有不同的要求，其详细情况如下：

(1) 实腹钢门的五金配件要求。实腹钢门的部分五金配件要求见表 4-35。

表 4-35　实腹钢门部分五金配件选用表

<table>
<tr><th></th><th>序号</th><th>代号</th><th>名称</th><th>规格/mm</th><th>适用窗料</th><th>应用范围</th><th>附注</th></tr>
<tr><td rowspan="4">铁质零件</td><td>1</td><td>221</td><td>纱门拉手</td><td>100</td><td>32</td><td>用于内开纱门</td><td rowspan="4">(1) 铁质零件表面电镀锌后钝化处理；
(2) 409 插销拉手仅用于一般民用宿舍阳台门，不配门锁的钢门</td></tr>
<tr><td>2</td><td>347</td><td>门风钩</td><td>184</td><td>32.40</td><td>用于外开阳台门</td></tr>
<tr><td>3</td><td>407</td><td>暗插销</td><td>375</td><td>32.40</td><td>用于双开扇的门</td></tr>
<tr><td>4</td><td>409</td><td>插销拉手</td><td>120</td><td>32.40</td><td>用于单户阳台或不配门锁的钢门</td></tr>
<tr><td rowspan="5">铜质零件</td><td>5</td><td>116</td><td>平页合页</td><td>90</td><td>40</td><td>用于特殊要求的钢门</td><td rowspan="5">钢门弹子锁 32 料钢门配 9471 或 9472，40 料钢门配 9477 或 9478</td></tr>
<tr><td>6</td><td>118</td><td>长页合页</td><td>90</td><td>40</td><td rowspan="2">用于内开纱门</td></tr>
<tr><td>7</td><td>222</td><td>纱门拉手</td><td>100</td><td>32</td></tr>
<tr><td>8</td><td>408</td><td>暗插销</td><td>375</td><td>32.40</td><td>用于双开扇的门</td></tr>
<tr><td>9</td><td>420A～423B</td><td>弹子门锁</td><td></td><td>32.40</td><td></td></tr>
</table>

(2) 实腹钢窗的五金配件要求。实腹钢窗的部分五金配件要求见表 4-36。

表 4-36 实腹钢窗部分五金配件选用表

	序号	代号	名称	规格/mm	适用窗料	应用范围	附注
铁质零件	1	201A 202A	左执手 右执手		25、32	外开启平开窗	(1) 铁质零件表面电镀锌后钝化处理； (2) 330、332 双臂外撑和 336 双臂内撑用的 5×16 撑杆和滑动杆，采用冷拉扁钢加工； (3) 330、332 双臂外撑仅用于双层窗的外层向外开启的平开窗； (4) 201—02 斜形轧头由制造厂铆在窗上出厂
	2	201B 202B	左执手 右执手		25、32	内开启的双扇或单扇平开窗	
	3	201C 202C	左执手 右执手		25、32	内开启的带固定的平开窗	
	4	301	上套眼撑	255	25、32	上悬窗	
	5	302	下套眼撑	235～255	25、32	用平页合页或角型合页的外开启平开窗	
	6	330	双臂外撑	240	25、32	用平页合页的外开启平开窗	
	7	332	双臂外撑	280	25、32	用角型合页的外开启平开窗	
	8	336	双臂内撑	240	25、32	用平页合页的内开启平开窗	
铜质零件	9	205A 206A	左执手 右执手		32、40	外开启平开窗	
	10	205B 206B	左执手 右执手		32、40	内开启的双扇或单扇平开窗	
	11	205C 206C	左执手 右执手		32、40	内开启的带固定平开窗	

续表

<table>
<tr><th></th><th>序号</th><th>代号</th><th>名称</th><th>规格/mm</th><th>适用窗料</th><th>应用范围</th><th>附注</th></tr>
<tr><td rowspan="10">铜质零件</td><td>12</td><td>209A
210A</td><td>联动左执手
联动右执手</td><td></td><td>32、40</td><td>窗扇高度在1 500 mm以上的外开启平开窗</td><td rowspan="10">（1）铜质零件表面需打砂抛光，装配后涂特种淡金水一层以免变色；铁质附件表面电镀锌后钝化处理；
（2）330、331、332、333双臂外撑，适用双层窗的外层向外开启的平开窗；
（3）铜质零件亦可用925锌合金代用，表面镀铜、镍、铬，抛光或做墨色</td></tr>
<tr><td>13</td><td>209B
210B</td><td>联动左执手
联动右执手</td><td></td><td>32、40</td><td>窗扇高度在1 500 mm以上的双扇或单扇内开启平开窗</td></tr>
<tr><td>14</td><td>209C
210C</td><td>联动左执手
联动右执手</td><td></td><td>32、40</td><td>窗扇高度在1 500 mm以上的带固定的内开启平开窗</td></tr>
<tr><td>15</td><td>306</td><td>上套眼撑</td><td>255</td><td>32、40</td><td>上悬窗</td></tr>
<tr><td>16</td><td>307</td><td>下套眼撑</td><td>235～255</td><td>32.40</td><td>用平页合页或角型合页的外开启平开窗</td></tr>
<tr><td>17</td><td>330</td><td>双臂外撑</td><td>240</td><td>32</td><td>用平页合页的外开启平开窗</td></tr>
<tr><td>18</td><td>331</td><td>双臂外撑</td><td>260</td><td>40</td><td>用平页合页的外开启平开窗</td></tr>
<tr><td>19</td><td>332</td><td>双臂外撑</td><td>280</td><td>32</td><td>用角型合页的外开启平开窗</td></tr>
<tr><td>20</td><td>333</td><td>双臂外撑</td><td>310</td><td>40</td><td>用角型合页的外开启平开窗</td></tr>
<tr><td>21</td><td>336</td><td>双臂外撑</td><td>240</td><td>32、40</td><td>用平页合页的内开启平开窗</td></tr>
</table>

（3）空腹钢门的五金配件要求。空腹钢门的部分五金配件要求见表 4-37。

表 4-37 空腹钢门部分五金配件选用表

	序号	代 号	名 称	规格/mm	应用范围
铁质零件	1	ML30－01	平页合页	80	单开，双开，无亮子，带亮子门
	2	ML31－01	上套眼撑	255	单双，双开，带亮子上悬窗门
	3	ML30－02	下悬窗左合页	42	单开，双开，带亮子下悬窗门
	4	ML30－02 右	下悬窗右合页	42	单开，双开，带亮子下悬窗门
	5	ML32－01 左	下悬窗左连杆	240	单开，双开，带亮子下悬窗门
	6	ML32－01 右	下悬窗右连杆	240	单开，双开，带亮子下悬窗门
	7	ML33－01	蝴蝶插销	500	单开，双开，带亮子下悬窗门
	8	ML36－02	暗插销	300	双开，无亮子门
	9	ML36－01	暗插销		双开，无亮子，带亮子上、下悬固定窗门
	10	9441	单头插芯门锁		单开，双开钢门
	11	ML34－01	纱门拉手		单开，双开钢纱门
	12	ML30－03	纱门弹簧合页	46～52	单开，双开钢门纱门

（4）空腹钢窗的五金配件要求。空腹钢窗的部分五金配件要求见表 4-38。

5. 钢门窗安装工艺

（1）弹控制线。钢门窗安装前，应在离地、楼面 500 mm 高的墙面上弹一条水平控制线；再按门窗的安装标高、尺寸和开启方向，在墙体预留洞口四周弹出门窗落位线。如为双层钢窗，钢窗之间的距离应符合设计规定或生产厂家的产品要求，如设计无具体规定，两窗扇之间的净距应不小于 100 mm。

（2）钢门窗就位。

1）钢门窗安装前，应按设计图纸要求核对钢门窗的型号、规格、数量是否符合要求；拼樘构件、五金零件、安装铁脚和紧固零件的品种、规格、数量是否正确和齐全。

表 4-38 空腹钢窗部分五金配件选用表

	序号	名称	规格/mm	适用范围
铁质零件	1	圆心合页	57	用于中悬扇、中悬平开扇
	2	平页合页	57	用于中悬平开扇、平开扇、平开扇带腰窗扇
	3	角型（或长页）合页	44	用于中悬平开扇、平开扇带腰窗扇
	4	套栓上撑档	260	用于平开扇带腰窗扇
	5	套栓下撑档	235～260	用于中悬平开扇、平开带腰窗扇
	6	外开执手		用于中悬平开扇、平开带腰窗扇
	7	内开执手	50～60	用于平开扇、平开带腰窗扇
	8	蝴蝶插销		用于中悬扇、中悬平开扇
	9	扣窗合页	52	用于平开扇
	10	扣窗扣钩	125～100	用于平开扇
	11	扣窗上撑档	260	用于平开扇
	12	扣窗下撑档（左）	240	用于平开扇
	13	扣窗下撑档（右）	240	用于平开扇

2）钢门窗安装前，应逐樘进行检查，如发现钢门窗框变形或窗角、窗梃、窗心有脱焊、松动等现象，应校正修复后方可进行安装。

3）检查门窗洞口内的预留孔洞和预埋铁件的位置、尺寸、数量是否符合钢门窗安装的要求，如发现问题应进行修整或补凿洞口。

4）安装钢门窗时必须按建筑平面图分清门窗的开启方向是内开还是外开，单扇门是左手开启还是右手开启。然后按图纸的规格、型号将钢门窗樘运到安装洞口处，并要靠放稳当。

5）在搬运钢门窗时，不可将棍棒等工具穿入窗心或窗梃起吊或杠抬，严禁抛、摔，起吊时要选择平稳牢固的着力点。

6）将钢门窗立于图纸要求的安装位置，用木楔临时固定，将其铁脚插入预留孔中，然后根据门窗边线、水平线及距外墙皮的尺寸进行支垫，并用托线板靠吊垂直。

7）钢门窗就位时，应保证钢门窗上框距过梁要有 20 mm 缝隙，框左右缝宽一致，距外墙皮尺寸符合图纸要求。

（3）立钢门窗及校正。将钢门窗塞入洞口内，用对拔木楔（或称木榫）做临时固定。木楔固定钢门窗的位置，须是设置于门窗四角和框梃端部，否则容易产生变形。此后即用水平尺、吊线锤及对角线尺量等方法，校正门窗框的水平与垂直度，同时调整木楔，使门窗达到横平竖直、高低一致。待同一墙面相邻的门窗就位固定后，再拉水平通线找齐；上下层窗框吊线找垂直，以做到左右通平、上下层顺直。

（4）门窗框固定。钢门窗框的固定方法在实际工程中多有不同，最常用的做法是采用 3 mm×（12～18 mm）×（100～150 mm）的扁钢铁脚。但是无论采用何种做法固定钢门窗框，均应注意三个方面的问题：

1）认真检查其平整度和对角线，务必保证平整方正，否则会给进一步的安装带来困难。

2）严格查对钢门窗的上、下冒头及扇的开启方向，以避免装配时的错误。

3）钢门窗的连接件、配件应预先核查配套，否则会影响安装速度和工程质量。

当采用铁脚固定钢门窗时，铁脚埋设洞必须用 1∶2 水泥砂浆或豆石混凝土填塞严实，并注意浇水养护。待填洞材料达一定强度后，再用水泥砂浆嵌实门窗框四周的缝隙，砂浆凝固后取出木楔再次堵嵌水泥砂浆。水泥砂浆凝固前，不得在门窗上进行任何作业。

(5) 安装五金配件。钢门窗的五金配件安装宜在内外墙面装饰施工结束后进行；高层建筑应在安装玻璃前将机螺丝拧在门窗框上，待油漆工程完成后再安装五金件。安装五金配件之前，要检查钢门窗在洞口内是否牢固；门窗框与墙体之间的缝隙是否已嵌填密实；窗扇轻轻关拢后，其上面密合，下面略有缝隙，启闭灵活，以及里框下端吊角等是否符合要求（一般双扇窗吊角应整齐一致，平开窗吊高为 2～4 mm，邻窗间玻璃心应平齐一致）。如有缺陷须经调整后方可安装零附件。所用五金配件应按生产厂家提供的装配图经试装合格后，方可全面进行安装。各类五金配件的转动和滑动配合处，应灵活无卡阻现象。装配螺钉拧紧后不得松动，埋头螺钉不得高出零件表面。

(6) 安装橡胶密封条。氯丁海绵橡胶密封条是通过胶带贴在门窗框的大面内侧。胶条有两种，一种是 K 型，适用于 25A 空腹钢门窗；另一种是 S 型，适应于 32 mm 实腹钢门窗的密闭。胶带是由细纱布双面涂胶，用聚乙烯薄膜作隔离层。粘贴时，首先将胶带粘贴于门窗框大面内侧，然后剥除隔离层，再将密封条粘在胶带上。

(7) 安装纱门窗。先对纱门和纱窗扇进行检查，如有变形时应及时校正。高、宽大于 1 400 mm 的纱扇，在装纱前要将纱扇中部用木条做临时支撑，以防扇纱凹陷影响使用。在检查压纱条和纱扇配套后，将纱裁割得比实际尺寸长出 50 mm，即可以绷纱。绷纱时先用机螺丝拧入上下压纱条再装两侧压纱条，切除多余纱头，再将机螺丝的丝扣剔平并用钢板锉锉平。待纱门窗扇装纱完成后，于交工前再将纱门窗扇安装在钢门窗框上。最后，在纱门上安装护纱条和拉手。

二、铝合金门窗安装

近年来，随着建筑业的飞速发展，高层建筑林立，我国铝合金门窗的需要量不断增加，质量也有很大提高，门窗种类也随之增多。在现代建筑中使用的铝合金门窗，具有质量轻、刚性好、美观大方、清洁明亮、经久耐用等优点。经过阳极氧化着色型材制作的彩色铝合金门窗，更显得光彩夺目。

1. 铝合金门窗主要性能

铝合金门窗在出厂前必须经过严格的性能试验，达到规定的性能指标后，才能安装使用。铝合金门窗通常考核下列主要性能：

(1) 强度。铝合金门窗的强度是用在压力箱内对窗进行压缩空气加压试验时所加风压的等级来表示的。一般性能的铝窗强度可达 1 961～2 353 Pa，高性能铝窗可达 2 353～2 746 Pa。在上述压力下测定窗扇，中央最大位移量应小于窗框内沿高度的 1/70。

(2) 气密性。铝合金门窗在压力试验箱内，使窗的前后形成 4.9～24.9 Pa 的压力差，用每 1 m^2 面积、每 1 h 的通气量（m^3）表示窗的气密性，单位是 m^3/（h·m^2）。一般性能的铝合金门窗，当前后压力差为 1 000 Pa 时，气密性可达 8 m^3/（h·m^2）以下，高密封性能的铝合金门窗可达 2.0 m^3/（h·m^2）以下。

(3) 水密性。铝合金门窗在压力试验箱内，对窗的外侧加入周期为 2 s 的正弦波脉动压力，同时向窗以 4 L/（m^2·min）的淋水量人工降雨，进行连续 10 min 的风雨交加试验，在室内一侧不应有可见的漏、渗水现象。水密性用试验时施加的脉冲风压平均压力表示，一般性能铝合金门窗为 343 Pa，抗台风的高性能铝合金门窗可达 490 Pa。

(4) 开闭力。当装好玻璃后，窗扇打开或关闭所需的外力应在 49.0 N 以下。

（5）隔声性。在音响试验室内对铝合金门窗的音响透过损失进行试验，可以发现，当音响频率达到一定值以后，铝窗的音响透过损失趋于恒定。用这种方法测定出隔声性能的等级曲线。有隔声要求的铝窗，音响透过损失可达 25 dB，即响声透过铝窗后声级可降低 25 dB。高隔声性能铝窗，音响透过损失等级曲线 30～45 dB。

（6）隔热性。通常用窗的热对流阻抗值来表示隔热性能。一般分成三级：R_1＝0.05 m^2 · h · ℃/kJ，R_2＝0.06 m^2 · h · ℃/kJ，R_3＝0.07 m^2 · h · ℃/kJ。采用 6 mm 双层玻璃高性能的隔热窗，热对流阻抗值可以达到 0.05 m^2 · h · ℃/kJ。

（7）尼龙导向轮耐久性。推拉窗、活动窗扇用电动机经偏心连杆机构作连续往复行走试验。尼龙轮直径 12～16 mm，试验 10 000 次；尼龙轮直径 20～24 mm，试验 50 000 次；尼龙轮直径 30～60 mm，试验 100 000 次。窗及导向轮等配件应无异常损坏。

（8）开闭锁耐久性。开闭锁在试验台上用电机拖动，以 10～30次/min 的速度进行连续开闭试验，当达到 30 000 次时应无异常损伤。

2. 铝合金门窗的特点和类型

（1）铝合金门窗的特点。铝合金门窗与普通木门窗、钢门窗相比主要特点是：

1）轻。铝合金门窗用材省、重量轻，平均耗用铝型材重量只有 8～12 kg/m^2（钢门窗耗钢材重量平均为 17～20 kg/m^2），较钢木门窗轻 50%左右。

2）性能好。铝合金门窗较木门窗、钢门窗突出的优点是密封性能好，气密性、水密性、隔音性好。

3）色调美观。铝合金门窗框料型材表面经过氧化着色处理，可着银白色、古铜色、暗色、黑色等柔和的颜色或带色的花纹。铝合金门窗表面光洁、外观美丽、色泽牢固，增加了建筑物立面和内部的美观。

4）耐腐蚀，使用维修方便。铝合金门窗不需要涂漆，不褪色、不脱落，表面不需要维护；铝合金门窗强度高，刚性好，坚固耐用，开闭轻便灵活，无噪声，现场安装工作量较小，施工速度快。

5）便于进行工业化生产。铝合金门窗从框料型材加工、配套零件及密封件的制作，到门窗装配试验都可以在工厂内进行大批量工业化生产，有利于实现门窗产品设计标准化、产品系列化、零配件通用化，有利于实现门窗产品商品化。

（2）铝合金门窗的类型。铝合金门窗按其结构与开闭方式可分为推拉窗（门）、平开窗（门）、固定窗、悬挂窗、回转窗（门）、百叶窗、纱窗等。所谓推拉窗，是窗扇可沿左右方向推拉启闭的窗；平开窗是窗扇绕合叶旋转启闭的窗；固定窗是固定不开启的窗。

3. 铝合金门窗制作材料选购

施工前材料的准备主要有各种规格铝合金型材、门锁、滑轮、螺钉、拉铆钉、地弹簧、橡胶条、玻璃胶等，机具主要有切割机、手电锯、射钉枪，以及所需量具和其他一些常用的手工工具。

门窗料的选择应当考虑材料的性能及其他各项技术指标。一般情况下，门窗料的表面色彩常用古铜色氧化膜（深古铜色、浅古铜色、银白色氧化膜、金色氧化膜等）。氧化膜的厚度应根据设计上的要求去选购，并根据使用的部位应有所区别。

如室内与室外相比，室外对氧化膜的要求应厚一些。根据所在的地区，对氧化膜的要求也应有所区别，如沿海地区和较干燥的内陆城市相比，沿海由于受海风侵蚀较内陆严重，那么，沿海地区对氧化膜的要求应比内陆厚一些，建筑的等级不同，对氧化膜的厚度要求往往也不一样。所以，氧化膜厚度的确定，应根据气候条件、使用部位、建筑物的等级等诸因素综合考虑。既要考虑耐久性，同时也要注意经济因素。因为氧化膜厚度增加，型材的造价也相应提高。

门、窗料的断面几何尺寸目前已经系列化，但对断面的板壁厚度往往没有硬性规定。虽然断面是空腹薄壁组合断面，但板壁的宽度对耐久性及工程造价影响较大。如果板壁太薄，尽管是组合断面，但也因太薄而易使表面受损或变形，相应的也影响了门、窗抗风压能力。相反，如果板壁较厚，对耐久性有利，可是型材所加工的铝合金门、窗面积就会减少，投资效益受到一定的影响。所以，门、窗料的板壁厚度应合理，过厚、过薄都是不妥的。一般建筑所用的窗料板壁厚度不宜小于 1.6 mm，门的断面板壁厚度不宜小于 2 mm。

各种配件应按设计要求合理选用。

门的地弹簧应为不锈钢面或铜面，使用前进行前后左右、开闭速度的调整。液压部分不漏油，暗插为锌合金压铸件，表面镀铬或覆膜。门锁应为双面可开启的锁，门的推手可因设计要求不同而有所差异。除了满足推、拉使用要求外，其装饰效果占有较大比重。所以，弹簧门的推手常用铝合金、不锈钢等材料制成。造型差异较大，有方的，有圆的。

推拉窗的拉锁色彩可按设计要求选定，其规格应与窗的规格配套使用，常用锌合金压铸制品，表面镀铬或覆膜。也可用铝合金拉锁，表面氧化，滑轮常用尼龙轮，滑轮是通过滑轮架固定在窗上，滑轮架为镀锌钢制品。

平开窗的窗铰应为不锈钢制品，钢片厚度不宜小于 1.5 mm，并且有松、紧调节装置。滑块一般为铜制品，执手为锌合金压铸制品，表面镀铬或覆膜。也可用铝合金制品，表面氧化。

除了开启扇以外，固定扇使用也不少。因为在大面积的铝合金带形窗中，使用的角度，有时并不需要全部开启，往往安装一部分固定窗。这样做，不仅可以降低工程造价（因为配件减少，安装简单），同时也为门、窗的维修带来方便。

固定扇可以用推拉窗扇料，用螺丝固定在窗框上即可。也可以用铝通做框，然后将小方通或槽形压条用螺丝固定在玻璃两侧，起到镶嵌玻璃凹槽的作用。玻璃与小方通之间留有封缝密封的间隙。在大面积固定扇中，此种办法用得较多，不仅可以降低工程造价，也可因铝通规格较多，刚度好，将窗扇做得较大。如门厅、会议室等面积较大的带形窗，采用这种办法较多。

4. 铝合金门窗制作

门扇制作时要求慎重选料与下料。选料时要充分考虑材料表面的色彩、料型、壁厚等因素，以保证足够的刚度、强度与装饰性。在确认材料的特点与适用部位之后，要按照设计尺寸进行下料。

在一般的家庭住宅装修中，如果没有详细的设计图样，仅有门窗洞口尺寸和门扇划分尺寸，下料时要在门窗洞口尺寸中减去安装缝、门窗框尺寸，其余按照门窗扇数均分调整大小。要先计算、画简图，再按图下料。下料原则是竖向框架要满足门窗扇通长高度需要，横档则是总宽度减去竖向框架的宽度。

切割时要用切割锯严格按照下料的尺寸准确切割。

门扇组装时应先在竖梃上拟安装部位用手电钻钻孔，用钢筋螺栓连接。钻孔孔径应大于钢筋直径。角铝连接部位靠上或靠下，视角铝规格而定，角铝规格一般选用 22 mm×22 mm，钻孔可在上下 10 mm 处，钻孔直径小于自攻螺栓。两边梃的钻孔部位应一致，否则会使横档不平。

门扇各节点的固定，上下横档（也有的地区称之为冒头）多数用套螺纹的钢筋固定，中横档用角铝（亦称为角马子）以自攻螺栓固定。先将角铝用自攻螺栓连接在两个边梃上，上下冒头中穿入套螺纹钢筋，套螺纹钢筋再从钻孔中深入边梃，中横档套在角铝上。接着用扳手将上、下冒头用螺母拧紧，中横档再用手电钻上、下钻孔，用自攻螺栓拧紧即可。

安装锁具与拉手时，应先在拟安装的部位用手电钻钻孔，再用曲线锯切割锁孔洞，随后将锁具安装上去。在门梃边上，门锁两边要对正，为保证安装精度，一般在门扇安装后再安装门锁。

制作门框时要根据门的大小，按照设计尺寸下料。一般都选择 50 mm×70 mm、50 mm×100 mm、100 mm×25 mm 型材做门框梁。具体做法与门扇制作相同。

门框组装时，应先在门的上框和中框部位的边框上钻孔安装角铝，然后将中、上框套在角铝上，用自攻螺栓固定。最后在门框左右设扁铁连接件，并用自攻螺栓紧固。

铝合金窗的制作与安装方法同样包括材料与机具的准备、窗扇制作、窗框制作、窗扇的安装等工序，其中材料与机具的准备、窗扇的安装等工序与铝合金门的准备与安装方法相同。

窗扇制作包括选料、下料和组装。窗扇制作的选料要求基本与门扇制作相同，选好竖向边梃和上、下冒头的窗料以后，将两侧竖向边梃上、下端铣出榫槽，槽的长度分别等于上、下内框的高度，然后在边梃壁上适当的高度钻孔，用不锈钢螺钉固定角铝。

窗扇组装时将上、下冒头深入边的上、下端榫槽之中（铝合金型材断面在设计时已考虑到使上、下冒头的宽度等于边梃内壁的宽度），在上、下冒头与角铝的搭接处钻孔，用不锈钢螺钉拧入，组装窗扇的四个脚都要垂直，随时调整，经检查无扭曲变形后固定，以防窗扇变形影响安装。

5. 铝合金门窗安装

铝合金门、窗在安装方法上有些方面不太一样，不同类型的窗在安装的具体构造上也略有差别，所以，对铝合金门、窗的安装，只能就一些基本程序提出基本步骤和方法。

(1) 施工准备。

1) 铝合金门窗框、扇。根据设计要求选择不同的产品系列，产品表面不允许有玷污和碰伤的痕迹。

2) 附件。不锈钢螺钉、铝制拉铆钉、滑轮组、开窗、门锁、尼龙毛刷等。

3) 其他。连接件、橡胶条、垫料、门弹簧、塑料胶纸、玻璃胶、木楔等。

4) 玻璃。一般为3～6 mm厚的茶色或白色平板玻璃。

5) 施工工具。24英寸铝质水平尺、射钉枪、电钻、打胶筒、玻璃吸手、榔锤等。

(2) 检查门窗洞口和预埋件。铝合金门窗同普通钢门窗、涂色镀锌钢板门窗及塑料门窗的安装一样，必须采用后塞口的方法，严禁采用边安装边砌口或是先安装后砌口。当设计有预埋铁件时，门窗安装前应复查预留洞口尺寸及预埋件的埋设位置，如与设计不符合应予以纠正。门窗洞口的允许偏差：高度和宽度为5 mm；对角线长度差为5 mm；洞下口面水平标高为5 mm；垂直度偏差不超过1.5/1 000；洞口的中心线与建筑物基准轴线偏差不大于5 mm。洞口预埋件的间距必须与门窗框上连接件的位置配套，门窗框上的连接件间距一般为500 mm，但转角部位的连接件位置距转角边缘应为100～200 mm。门窗洞口墙体厚度方向的预埋件中心线，如设计无规定时，其位置距内墙面：38～60系列为100 mm；90～100系列为150 mm。

(3) 画线定位。根据设计图纸和土建施工所提供的洞口中心线及水平标高，在门窗洞口墙体上弹出门窗框位置线。放线时应注意：在同一立面的门窗在水平与垂直方向应做到整齐一致，对于预留洞口尺寸偏差较大的部位，应采取妥善措施进行处理。根据设计，门窗可以立于墙的中心线部位，也可将门窗立于内侧，使门窗框表面与内饰面齐平，但在实际工程中将门窗立于洞口中心线的做法较为普遍，因为这样做便于室内装饰的收口处理（特别是在有内窗台板时）。门的安装须注意室内地面的标高，地弹簧的表面应与地面饰面的标高相一致。

（4）防腐处理。

1）门窗框四周外表面的防腐处理设计有要求时，按设计要求处理。如果设计没有要求时，可涂刷防腐涂料或粘贴塑料薄膜进行保护，以免水泥砂浆直接与铝合金门窗表面接触，产生电化学反应，腐蚀铝合金门窗。

2）安装铝合金门窗时，如果采用连接铁件固定，则连接铁件、固定件等安装用金属零件最好用不锈钢件。否则必须进行防腐处理，以免产生电化学反应，腐蚀铝合金门窗。

（5）门窗框就位。按照弹线位置将门窗框立于洞内，调整正、侧面垂直度、水平度和对角线合格后，用对拔木楔做临时固定。木楔应垫在边、横框能够受力部位，以防止铝合金框料由于被挤压而变形。

对于面积较大的铝合金门窗框，应事先按设计要求进行预拼装。先安装通长的拼樘料，然后安装分段拼樘料，最后安装基本单元门窗框。门窗框横向及竖向组合应采取套插；如采用搭接应形成曲面组合，搭接量一般不少于 8 mm，以避免因门窗冷热伸缩及建筑物变形而引起裂缝；框间拼接缝隙用密封胶条密封。组合门窗框拼樘料如需采取加强措施时，其加固型材应经防锈处理，连接部位应采用镀锌螺钉。

（6）门窗框固定。当门窗的设计要求为采用预埋铁件进行安装时，铝合金门窗框上预先加工的连接件为镀锌铁脚（或称镀锌锚固板、铆固头），可直接用电焊将其与洞口内预埋铁件焊接。采用焊接操作时，严禁在铝合金框上接地打火，并应用石棉布保护好窗框。再一种做法是在门窗洞口上事先预留槽口，安装时将门窗框上的镀锌铁脚插埋于槽口内，而后用 C25 级细石混凝土或 1∶2 水泥砂浆嵌堵密实。

当门窗洞口为混凝土墙体并未预埋铁件或未预留槽口时，其门窗框连接锚固板可用射钉枪射入 $\phi4$～$\phi5$ 射钉进行紧固。

对于砖砌结构的门窗洞墙体，门窗框连接铆固板不宜采用射钉紧固做法，应使用冲击电钻钻入不小于 $\phi10$ 的深孔，用胀铆螺栓紧固连接件。

如果属于自由门的弹簧安装，应在地面预留洞口，在门扇与地弹簧安装尺寸调整准确后，要浇筑 C25 级细石混凝土固定。

铝合金门边框和中竖框，应埋入地面以下 20～50 mm；组合窗框间立柱上、下端，应各嵌入框顶和框底墙体（或梁）内 25 mm 以上；转角处的主要立柱嵌固长度应在 35 mm 以上。

当采用上述射钉、金属胀铆螺栓或是采用钢钉紧固铝合金门窗框连接件时，其紧固点位置距离（柱、梁）边缘不得小于 50 mm，且应注意错开墙体缝隙，以防止紧固失效。

(7) 填缝。填缝所用的材料，原则上按设计要求选用。但不论使用何种填缝材料，其目的均是为了密闭和防水。根据现行规范要求，铝合金门窗框与洞口墙体应采用弹性连接，框周缝隙宽度宜在 20 mm 以上，缝隙内分层填入矿棉或玻璃棉毡条等软质材料。框边须留 5～8 mm 深的槽口，待洞口饰面完成并干燥后，清除槽口内的浮灰渣土，嵌填防水密封胶。

(8) 门窗扇安装。铝合金门窗扇的安装，须是在土建施工基本完成的条件下方准进行，以保护其免遭损伤。框装扇必须保证框扇立面在同一平面内，就位准确，启闭灵活。平开窗的窗扇安装前，先固定窗铰，然后再将窗铰与窗扇固定。推拉门窗应在门窗扇拼装时于其下横底槽中装好滑轮，注意使滑轮框上有调节螺钉的一面向外，该面与下横端头边平齐。对于规格较大的铝合金门扇，当其单扇框宽度超过 900 mm 时，在门扇框下横料中需采取加固措施，通常的做法是穿入一条两端带螺纹的钢条。安装时应注意要在地弹簧连杆与下横安装完毕后再进行，也不得妨碍地弹簧座的对接。

(9) 玻璃安装。当玻璃单块尺寸较小时，可用双手夹住就位。如一般平开窗，多用此办法。如果单块玻璃尺寸较大，为便于操作，往往用玻璃吸盘。

玻璃就位后，应及时用胶条固定。玻璃应该摆在凹槽的中间，内、外两侧的间隙应不少于 2 mm，否则会造成密封困难。但也不宜大于 5 mm，否则胶条起不到挤紧、固定的目的。玻璃的下部不能直接坐落在金属面上，而应用氯丁橡胶垫块将玻璃垫起。氯丁橡胶挪块厚 3 mm 左右。玻璃的侧边及上部，都应脱开金属面一小段距离，避免玻璃胀缩发生变形。

(10) 清理。铝合金门、窗交工前，应将型材表面的塑料胶纸撕掉。如果发现塑料胶纸在型材表面留有胶痕，宜用香蕉水清理干净，玻璃应进行擦洗，对浮灰或其他杂物，应全部清理干净。待定位销孔与销对上后，再将定位销完全调出，并插入定位销孔中。

最后，用双头螺杆将门拉手上在门扇边框两侧。

安装铝合金门的关键是要保持上下两个转动部分在同一个轴线上。

6. 成品保护措施

(1) 铝合金门窗装入洞口临时固定后，应检查四周边框和中间框架是否用规定的保护胶纸和塑料薄膜封贴包扎好，再进行门窗框与墙体之间缝隙的填嵌和洞口墙体表面装饰施工，以防止水泥砂浆、灰水、喷涂材料等污染损坏铝合金门窗表面。在室内外湿作业未完成前，不能破坏门窗表面的保护材料。

(2) 应采取措施，防止焊接作业时电焊火花损坏周围的铝合金门窗型材、玻璃等材料。

(3) 严禁在安装好的铝合金门窗上安放脚手架，悬挂重物。经常出入的门洞口，应及时保护好门框，严禁施工人员踩踏铝合金门窗，严禁施工人员碰擦铝合金门窗。

(4) 交工前撕去保护胶纸时，要轻轻剥离，不得划破、剥花铝合金表面氧化膜。

三、涂色镀锌钢板门窗安装

1. 施工准备

(1) 彩板门窗在运输、存放过程中，应严防磕碰与划伤，并严禁在腐蚀性较大及潮湿的地方进行存放。

(2) 按图纸要求核对门窗规格、尺寸及开启方式，并检查门窗是否因运输或存放造成损坏，如挠曲变形、玻璃和零附件被损坏、划伤等等。如有损伤，应予修复。

(3) 按与土建工序交接关系，检查门窗洞口的尺寸及施工质量是否符合安装要求。

(4) 安装脚手架及必要的安全设施。

(5) 准备涂层修补剂，以便用于修补安装施工过程中对涂层造成的损伤。其颜色、性能应与表面涂层一致。

(6) 准备必要的机具和辅助材料，如电锤、射钉枪和密封膏等。

2. 带副框的涂色镀锌钢板门窗安装

(1) 按门窗图纸尺寸组装副框，用自攻螺钉将连接件固定在副框上。

(2) 将副框装入洞口，用对拔木楔临时定位，调整定位的方法与普通钢门窗相同。

(3) 将连接件与洞口两侧的预埋铁件焊接。预埋铁件的埋设位置，距门窗框四角应少于 180 mm，其间距应等距离分配。当门窗框尺寸小于 1 200 mm 时，每侧至少设 2 个预埋铁件；当门窗框尺寸为 1 500～1 800 mm 时，每侧至少设 3 个预埋铁件；当门窗尺寸大于 2 100 mm 时，每侧设置预埋铁件不应少于 4 个。涂色镀锌钢板门窗的预留洞口尺寸，除有特殊要求者外，一般都是按 300 mm 晋级。当墙内没有预埋铁件时，也可采用射钉或胀铆螺栓按上述预埋铁件的布置原则，将门窗副框连接件与洞口墙体连接。

(4) 进行洞口抹灰。抹灰前应对基层进行常规处理，在湿润的基层上用 1∶3 水泥砂浆抹压平整。窗框副框底部抹灰时，要嵌入硬木条或玻璃条；副框两侧预留槽口，待抹灰凝结干燥后注密封膏防水。

(5) 门窗洞口抹灰后可进行室内外的其他饰面施工，待洞口处水泥砂浆完全凝结硬化之后，即将门窗成品用自攻螺钉与副框连接固定。安装推拉窗时，应调整好滑块。此时，可用建筑密封膏将洞口与副框、副框与外框、外框与门窗之间的所有安装缝进行填充密封。

(6) 揭去门窗型材构件表面的保护膜层，擦净门窗框扇及玻璃。

3. 不带副框的涂色镀锌钢板门窗安装

(1) 按设计要求进行室内外及门窗洞口的饰面处理。洞口抹灰后的成型尺寸应略大于门窗外框尺寸，其间隙宽度方向为 3～5 mm，高度方向为 5～8 mm。

(2) 在门窗洞口内根据固定点的配置原则确定固定点，按设计要求弹好安装控制线。

(3) 根据固定点的位置用冲击电钻钻孔。

（4）将门窗放入洞口安装线位置，调整门窗的垂直度、水平度及对角线，合格后用木楔做临时固定。

（5）用胀铆螺栓将门窗框与洞口墙体连接固定。为了操作方便，在铆固安装时可暂将门窗扇卸下，待门窗框安装牢固后再装上门窗扇。

（6）用建筑密封膏将门窗框与墙体之间的所有缝隙加以封闭。

（7）揭去型材表面的保护膜层，擦净门窗框扇及玻璃。

此外，也可采用射钉安装不带副框的涂色镀锌钢板门窗（但在砖墙上严禁用射钉固定），用先安装外框后进行抹灰的做法。将门窗外框先用自攻螺钉固定好连接件，放入洞口内调整水平度、垂直度和对角线合格后，以木楔做临时固定，然后即用射钉将门窗外框连接件与洞口墙体连接。此后进行室内外其他装饰，待洞口的抹灰砂浆干燥后，即清理门窗构件装入内扇。

四、特种门安装

（一）防火门安装

防火门是为适应建筑防火的要求而发展起来的一种新型门。按耐火极限分，国际ISO标准有甲、乙、丙三个等级，甲级门的耐火极限为1.2 h；乙级门的耐火极限为0.9 h；丙级门的耐火极限为0.6 h。按材质分，目前有木质防火门与钢质防火门，木质门系用胶合板经化学耐火涂料处理，钢质门系用冷轧钢板加工成型，表面经喷漆防锈处理，有的外包无纺布或人造革装饰。门扇内部填充防火材料。有配套五金如轴承铰链、不锈钢拉手和不锈钢防火门锁，并配有防火夹丝玻璃。防火门可与烟感、自动报警装置配套使用。由于其结构合理且加工美观，故同时具有防火、防盗、保温、隔声的功能特点，并有较好的装饰效果。

防火门的安装技术要点有：

(1) 防火门在运输时，捆拴必须牢固；装卸时须轻抬轻放，避免磕碰现象。

(2) 防火门码放前，要将存放处清理平整，垫好支撑物。如果门有编号，要根据编号码放；码放时面板叠放高度不得超过 1.2 m；门框重叠平放高度不得超过 1.5 m；要有防晒、防风及防雨措施。

(3) 防火门的门框安装，应保证与墙体结成一体。

(4) 在安装时，门框一般埋入±0.00 标高以下 20 mm，需保证框口上下尺寸相同，允许误差小于 1.5 mm，对角线允许误差小于 2 mm，再将框与预埋件焊牢。然后在框两上角墙上开洞，向框内灌注 M10 水泥素浆，待其凝固后方可装配门扇。

(5) 安装后的防火门，要求门框与门扇配合部位内侧宽度尺寸偏差不大于 2 mm，高度尺寸偏差不大于 2 mm，两对角线长度之差小于 3 mm。门扇关闭后，其配合间隙须小于 3 mm。门扇与门框表面要平整，无明显凹凸现象，焊点牢固，门体表面喷漆无喷花、斑点等。门扇启闭自如，无阻滞、反弹等现象。

(6) 冬期施工应注意防寒，水泥素浆浇筑后的养护期为 21 d。

(7) 为保证消防安全，应采用防火门锁，该类门锁在 927 ℃高温下仍可照常开启。其构造和应用等情况见图 4-37。

(二) 自动门安装

1. 地面导向轨道安装

铝合金自动门和全玻璃自动门地面上装有导向性下轨道。异型钢管自动门无下轨道。有下轨道的自动门土建做地坪时，须在地面上预埋 50～75 mm 方木条一根。自动门安装时，撬出方木条便可埋设下轨道，下轨道长度为开启门宽的 2 倍。图 4-38为自动门下轨道埋设示意图。

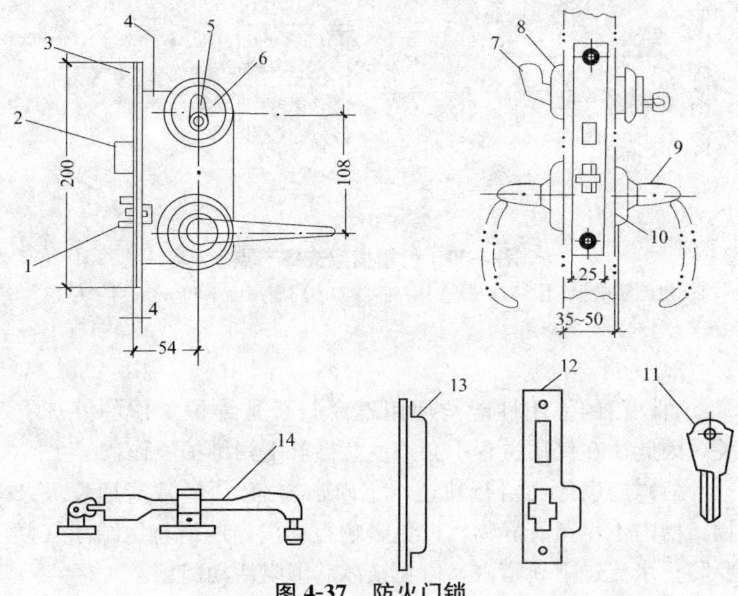

图 4-37　防火门锁

1—斜舌；2—方舌；3—锁舌面板；4—锁体；5—锁头；6—锁头面板；7—小执手；8—小执手面板；9—执手；10—执手面板；11—钥匙；12—锁扣板；13—装饰盒；14—风钩

2. 横梁安装

自动门上部机箱层主梁是安装中的重要环节。由于机箱内装有机械及电控装置，因此，对支承梁的土建支撑结构有一定的强度及稳定性要求。常用的有两种支承节点(图 4-39)，一般砖结构宜采用图 4-39（a）式，混凝土结构宜采用图 4-39（b）式。

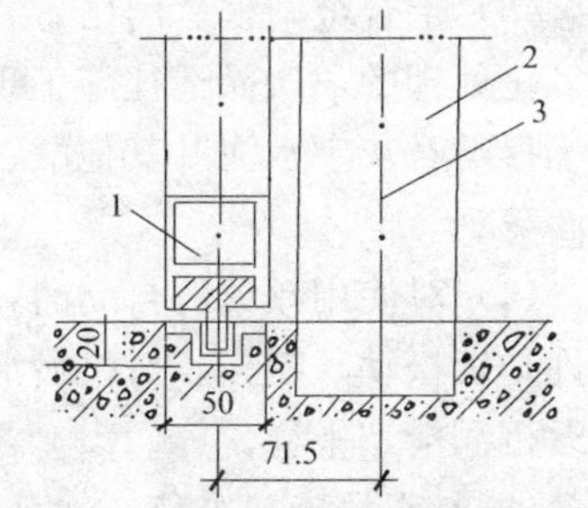

图 4-38　自动门下轨道埋设示意

1—自动门扇下帽；2—门柱；3—门柱中心线

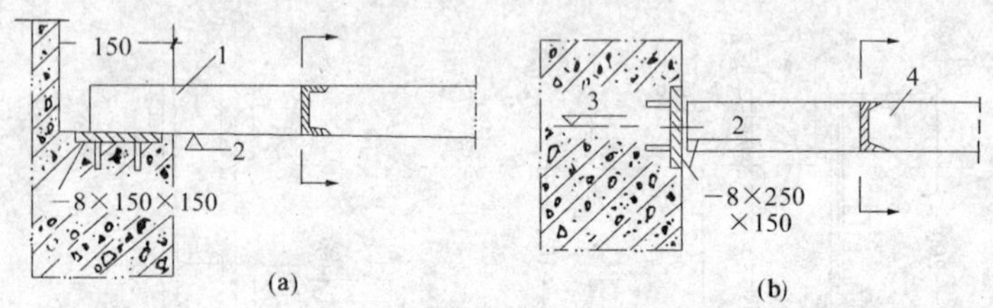

图 4-39 机箱横梁支撑节点

1—机箱层横梁（[18）；2—门扇高度；3—门扇高度＋90 mm；4—[18

3. 使用与维护

自动门的使用性能与使用寿命与日常维护工作的好坏有关，因此，在使用过程中必须注意做好下列维护工作：

(1) 门扇地面滑行轨道（下轨道），必须经常清理垃圾杂物。槽内不得留有异物，以免影响自动门扇的滑行。结冰气候要防止水流进下轨道内，以免结冰后卡阻活动门扇。

(2) 微波传感器及控制箱等一旦调试正常，就不能任意变动各种旋钮位置，以免失去最佳工作状态，达不到应有的技术性能。

(3) 铝合金门框、门扇、装饰板等，是经过表面化学防腐蚀氧化处理的，产品运往施工现场后，应妥善保管，并注意门体不得与石灰、水泥及其他酸、碱性化学物品接触，以免损伤表面美观。

(4) 对使用频繁的自动门，要定期检查传动部分装配紧固零件是否松动、缺损。对机械活动部位应定期加油，以保证门扇运行润滑、平稳。

(三) 全玻璃门安装

玻璃门在现代建筑装饰中有着相当大的功用，同时被越来越多施工单位所采用。现代装饰玻璃门所用玻璃多为厚度在

12 mm以上的厚质平板白玻璃、雕花玻璃、钢化玻璃及彩印图案玻璃等，有的设有金属扇框，有的活动门扇除玻璃之外只有局部的金属边条。框、扇、拉手等细部的金属装饰多是镜面不锈钢、镜面黄铜等展示高级豪华气派的材料。玻璃门的安装主要包括两个部分；一是玻璃门框等固定构件的安装；一是活动门扇的安装。下面就此作一系统说明。

1. 施工准备

玻璃门窗的安装一般应当在门框的不锈钢板或其他饰面包覆安装完成之后，地面的装饰施工也应已经完毕。门框顶部的玻璃安装限位槽已留出（图 4-40），其限位槽的宽度应大于所用玻璃厚度 2～4 mm，槽深 10～20 mm。

不锈钢（或铜）饰面的木底托，可用木楔加钉的方法固定于地面，然后再用胶粘剂将不锈钢饰面板粘卡在木方上（图 4-41）。如果是采用铝合金方管，可用铝角将其固定在框柱上，或用木螺钉固定于地面埋入的木楔上。

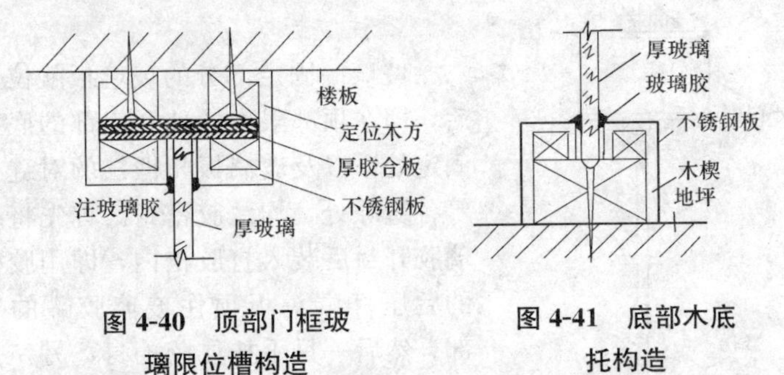

图 4-40 顶部门框玻璃限位槽构造

图 4-41 底部木底托构造

厚玻璃的安装尺寸，应从安装位置的底部、中部和顶部进行测量，选择最小尺寸为玻璃板宽度的切割尺寸。如果在上、中、下测得的尺寸一致，其玻璃宽度的裁割应比实测尺寸小 2～3 mm。按玻璃板的高度方向裁割，应小于实测尺寸 3～5

mm。玻璃板裁割后，应将其四周作倒角处理，倒角宽度为 2 mm，如若在现场自行倒角，应手握细砂轮块作缓慢细磨操作，防止崩角崩边。

2. 安装玻璃板

用玻璃吸盘将玻璃板吸紧，然后进行玻璃就位。应先把玻璃板上边插入门框底部的限位槽内，然后将其下边安放于木底托上的不锈钢包面对口缝内（图 4-42）。

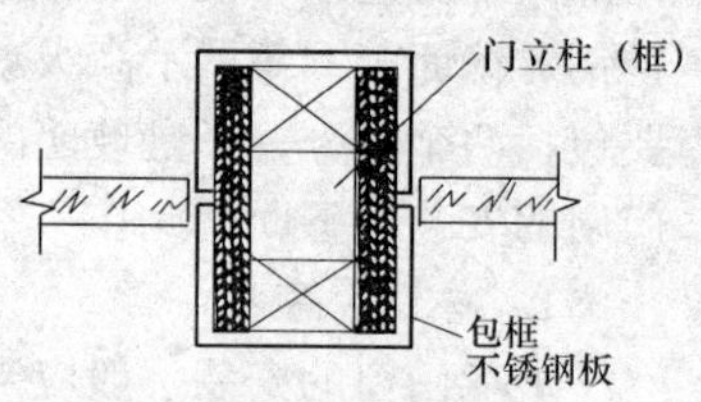

图 4-42 玻璃门框柱与玻璃板安装的构造关系

在底托上固定玻璃板的方法为：在底托木方上钉木板条，距玻璃板面 4 mm 左右；然后在木板条上涂刷胶粘剂，将饰面不锈钢板片粘卡在木方上。玻璃板竖直方向各部位的安装构造见图 4-43。

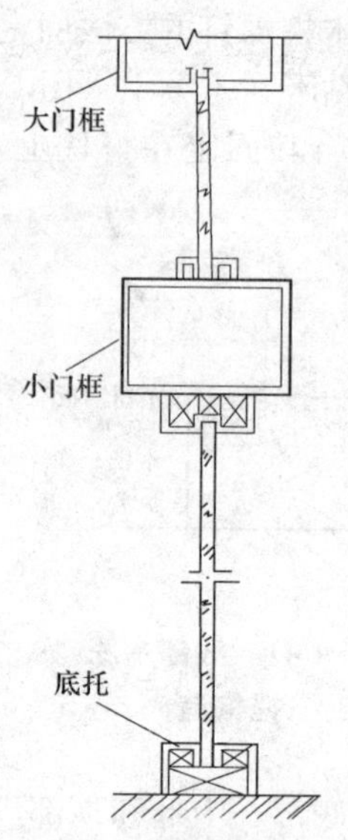

图 4-43 玻璃门竖向安装构造示意

3. 注胶封口

玻璃门固定部分的玻璃板就位以后，即在顶部限位槽处和底部的底托固定处，以及玻璃板与框柱的对缝处等各缝隙处，均注胶密封。首先将玻璃胶开封后装入打胶枪内，即用胶枪的后压杆端头板顶住玻璃胶罐的底部；然后一只手托住胶枪身，另一只手握住注胶压柄不断松压循环地操作压柄，将玻璃胶注于需要封口的缝隙端（图 4-44）。由需要注胶的缝隙端头开始，顺缝隙匀速移动，使玻璃胶在缝隙处形成一条均匀的直线。最后用塑料片刮去多余的玻璃胶，用棉布擦净胶迹。

4. 玻璃板之间的对接

门上固定部分的玻璃板需要对接时，其对接缝应有 2～3 mm的宽度，玻璃板边部要进行倒角处理。当玻璃块留缝定位并安装稳固后，即将玻璃胶注入其对接的缝隙，用塑料片在玻璃板对缝的两面把胶刮平，用布擦净胶料残迹。

5. 玻璃活动门扇安装

全玻璃活动门扇的结构没有门扇框，门扇的启闭由地弹簧实现，地弹簧与门扇的上下金属横档进行铰接（图 4-45）。

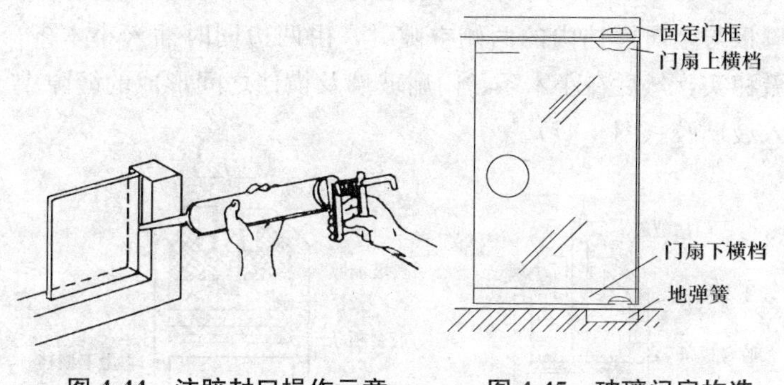

图 4-44　注胶封口操作示意　　　图 4-45　玻璃门扇构造

玻璃门扇的安装方法与步骤如下：

（1）门扇安装。先将地面上的地弹簧和门扇顶面横梁上的定位销安装固定完毕，两者必须为同一装轴线，安装时应吊垂线检查，做到准确无误，地弹簧转轴与定位销为同一中心线。

（2）画线并连接相应物。在玻璃门扇的上下金属横档内画线，按线固定转动销的销孔板和地弹簧的转动轴连接板。具体操作可参照地弹簧产品安装说明。

(3) 裁割玻璃。玻璃门扇的高度尺寸，在裁割玻璃板时应注意包括插入上下横档的安装部分。一般情况下，玻璃高度尺寸应小于测量尺寸 5 mm 左右，以便于安装时进行定位调节。

(4) 安装横档。把上下横档（多采用镜面不锈钢成型材料）分别装在厚玻璃门扇上下两端，并进行门扇高度的测量。如果门扇高度不足，即其上下边距门横框及地面的缝隙超过规定值，可在上下横档内加垫胶合板条进行调节（图 4-46）。如果门扇高度超过安装尺寸，只能由专业玻璃工将门扇多余部分裁去。

(5) 固定横档。门扇高度确定后，即可固定上下横档，在玻璃板与金属横档内的两侧空隙处，由两边同时插入小木条，轻敲稳实，然后在小木条、门扇玻璃及横档之间形成的缝隙中注入玻璃胶（图 4-47）。

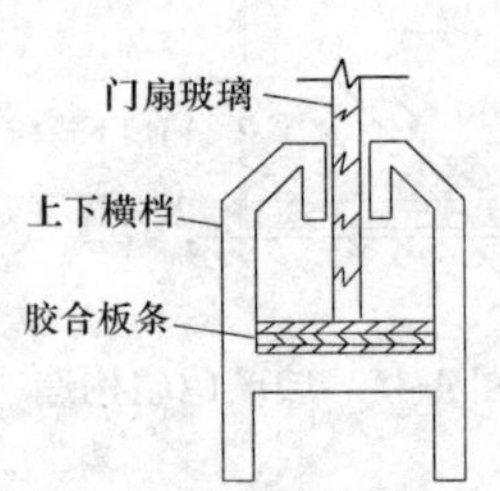

图 4-46 加垫胶合板条调整门扇高度

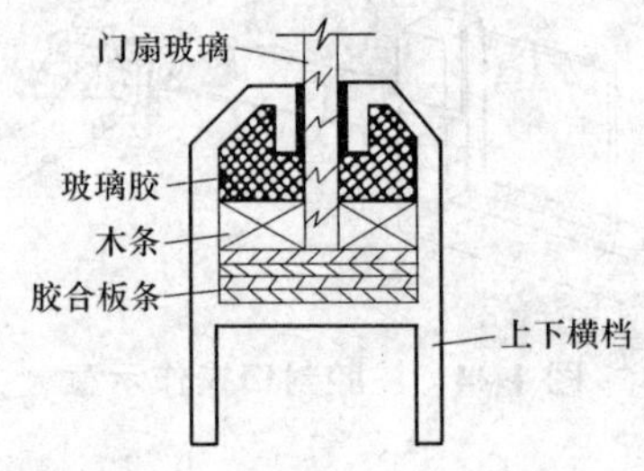

图 4-47 上下金属横档的固定

(6) 进行门扇定位安装。先将门框横梁上的定位销本身的调节螺钉调出横梁平面1～2 mm，再将玻璃门扇竖起来，把门扇下横档内的转动销连接件的孔位对准地弹簧的转动销轴，并转动门扇将孔位套入销轴上。然后把门扇转动 90°使之与门框横梁成直角，把门扇上横档中的转动连接件的孔对准门框横梁上的定位销，将定位销插入孔内 15 mm 左右（调动定位销上的调节螺钉），见图 4-48。

（7）安装门拉手。全玻璃门扇上的拉手孔洞，一般是事先订购时就加工好的，拉手连接部分插入孔洞时不能很紧，应略有松动。安装前在拉手插入玻璃的部分涂少许玻璃胶；如若插入过松，可在插入部分裹上软质胶带。拉手组装时，其根部与玻璃贴靠紧密后再拧紧固定螺钉(图 4-49)。

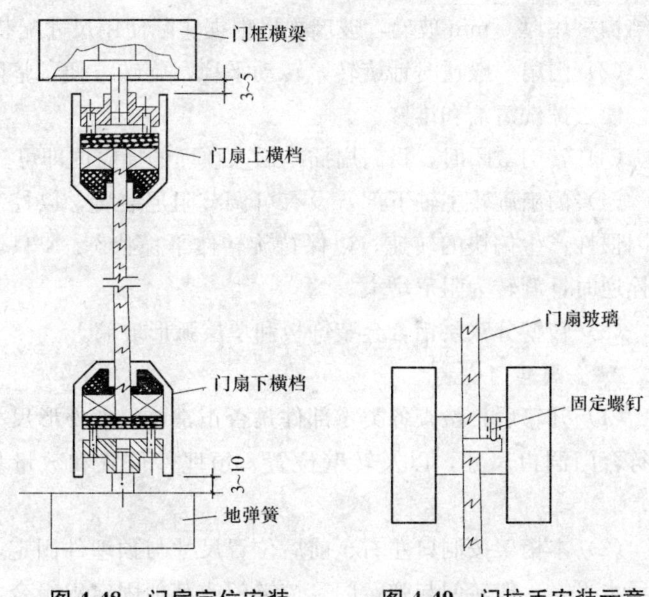

图 4-48　门扇定位安装　　　图 4-49　门拉手安装示意

（四）旋转门安装

旋转门有金属旋转门和木质旋转门两种基本类型，现代装饰工程中多采用金属旋转门。金属转门有铝质与钢质两类型材结构。铝结构是采用铝、镁、硅合金挤压型材，经阳极氧化成银白与古铜等色，外形美观并耐大气腐蚀；钢结构为采用碳素结构钢无缝异型管，冷拉成各种类型的转门、转壁框架，然后喷涂各种油漆而成。

1. 金属转门的特点

(1) 铝结构采用合成橡胶密封固定玻璃，具有良好的密闭、抗震和耐老化性能，活扇与转壁之间采用聚丙烯毛刷条，钢结构玻璃采用油面腻子固定。铝结构采用厚 5～6 mm 玻璃，钢结构采用厚 6 mm 玻璃，玻璃规格根据实际使用尺寸配装。

(2) 门扇一般逆时针旋转，转动平稳，旋转方便，坚固耐用，便于擦洗清洁和维修。

(3) 转门常闭时，将门扇插销插入预埋的插壳内即可。

(4) 门扇旋转主轴下部，设有可调节阻尼装置，以控制门扇因惯性产生偏快的转速，以保持旋转体平稳状态。4 只调节螺栓逆时针旋转为阻尼增大。

(5) 转壁分双层铝合金装饰板和单层弧形玻璃。

2. 金属转门安装

(1) 开箱后，检查各类零部件是否正常，门樘外形尺寸是否符合门洞口尺寸，以及转壁位置、预埋件位置和数量是否正常。

(2) 本桁架按洞口左右、前后位置尺寸与预埋件固定，并保证水平。一般转门与弹簧门、铰链门或其他固定扇组合，就可先安装其他组合部分。

(3) 装转轴，固定底座，底座下要垫实，不允许下沉，临时点焊上轴承座，使转轴垂直于地平面。

(4) 装圆转门顶与转壁，转壁不允许预先固定，便于调整与活扇之间隙；装门扇，保持 90°夹角，旋转转门，保证上下间隙。

(5) 调整转壁位置，以保证门扇与转壁之间隙。

(6) 先焊上轴承座，用混凝土固定底座，埋插销下壳固定转壁。

(7) 装玻璃。

(8) 钢转门喷涂油漆。

3. 卷窗门的安装

这里我们以防火卷帘门的安装为例加以说明。其他类卷帘门的安装可参考防火卷帘门的安装方法。

(1) 预留洞口。防火卷帘门的洞口尺寸，可根据 $3M_0$ 模制选定。一般洞口宽度不宜大于 5 m，洞口高度也不宜大于 5 m。

(2) 预埋件安装。防火卷帘门洞口预埋件安装见图 4-50。

(3) 安装与调试。防火卷帘门安装与调试顺序如下：

1) 按设计型号，查阅产品说明书和电气原理图。检查产品表面处理和零附件。量测产品各部位基本尺寸。检查门洞口是否与卷帘门尺寸相符；导轨、支架的预埋件位置、数量是否正确。

2) 测量洞口标高，弹出两导轨垂线及卷筒中心线。

3) 将垫板电焊在预埋铁板上，用螺钉固定卷筒的左右支架，安装卷筒。卷筒安装后应转动灵活。

4) 安装减速器和传动系统。

5) 安装电气控制系统。

6) 空载试车。

7) 将事先装配好的帘板安装在卷筒上。

8) 安装导轨。按图纸规定位置，将两侧及上方导轨焊牢于墙体预埋件上，并焊成一体，各导轨应在同一垂直平面上。

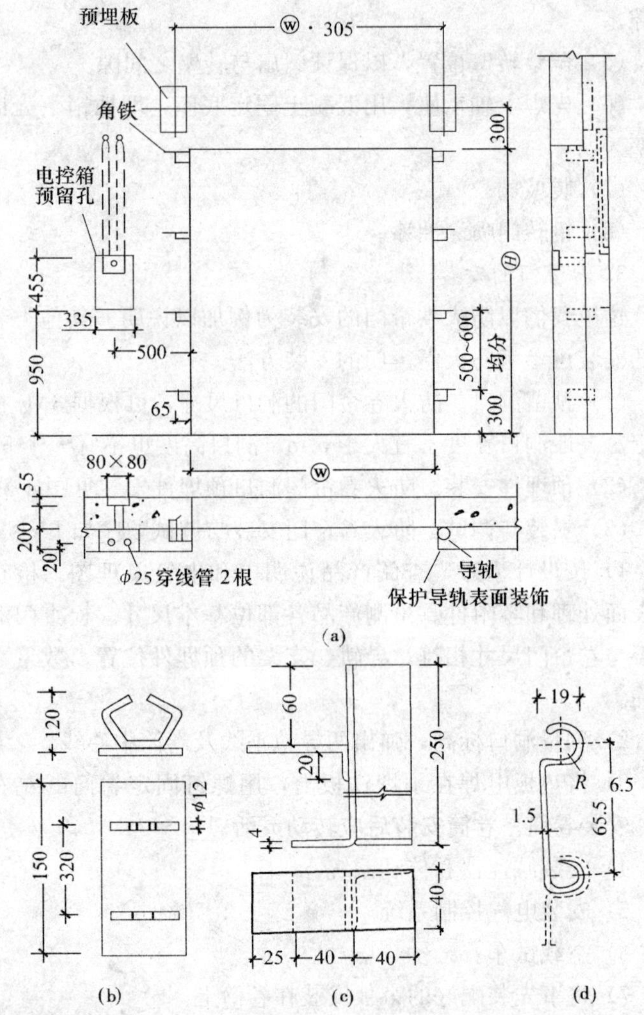

图 4-50 防火卷帘门洞口预埋件安装图

(a) 门口预埋件位置；(b) 支架预埋铁板；(c) 导轨预埋角铁；(d) 帘板连接

9）安装水幕喷淋系统，并与总控制系统联结。

10）试车。先手动试运行，再用电动机启闭数次，调整至无卡住、阻滞及异常噪声等现象为止，全部调试完毕，安装防护罩。

11）粉刷或镶砌导轨墙体装饰面层。

（五）钢门窗玻璃安装

1. 操作准备

首先检查门窗扇是否平整，如发现扭曲变形应校正；检查铁片卡子的孔眼是否齐全准确，如有不符合要求的应补钻。钢门窗安装玻璃使用的油灰应加适量的红丹，以使油灰具防锈性能；再加适量的铅油，以增加油灰的黏性和硬度。

2. 清理槽口

清除槽口的焊渣、铁屑、灰尘和污垢，以使安装时油灰黏结牢固。

3. 涂底油灰

在槽口内涂抹底灰，油灰厚度宜 3 mm，最厚不宜超过 4 mm，做到均匀一致，不间断，不堆积。

4. 装玻璃

用双手将玻璃揉平放正，不留偏差并使油灰挤出。将油灰与槽口、玻璃接触的边缘刮齐刮平。

5. 安卡子

应用铁片卡子固定，卡子间距不得大于 300 mm，且每边不少于两个。卡脚不能过长，应长短适宜，用油灰填实抹光后，卡脚不得露于油灰表面。

如采用橡胶垫安装钢门窗玻璃，应将橡胶垫嵌入裁口内，并用压条和螺钉固定。将橡胶垫与裁口、玻璃、压条贴紧，大小尺寸适宜，不应露在压条之处。

（六）彩色镀锌钢板门窗框扇玻璃安装

彩色镀锌钢板门窗框扇安装玻璃时，应在抹灰等湿作业后进行，注意不宜在寒冷条件下操作。

1. 操作准备

玻璃裁割后边缘平直，不得有斜曲，尺寸大小准确，使其边缘与槽口的间隙符合设计要求，不得相接触。安装玻璃前，清除框扇槽口内的灰尘、杂物等，疏通排水孔。

2. 安装玻璃

玻璃的朝向按设计要求安装。玻璃应放在定位垫块上，开扇和玻璃面积较大时，应在垂直边位置上设置隔片，上端的隔片应固定在框或扇上（粘或楔住）。固定框、扇的玻璃应放在两块相同的定位垫块上，搁置点设在距玻璃垂直边的距离为玻璃宽度的 1/4 处。定位垫块的宽度应大于所支撑的玻璃厚度，长度不宜小于 25 mm，并应符合设计要求。定位垫块下面可设铝合金垫片，垫块和垫片均固定在框扇上。不得采用木质的垫块、垫片和隔片。玻璃嵌入槽口内，填塞填充材料、镶嵌条，使玻璃平整、受力均匀并不得翘曲；迎风面的玻璃，应立即用通长镶嵌压条或垫片固定。当镶嵌压条位于室外一侧时，应作防风处理。镶嵌条应与玻璃、槽口紧贴，后安的镶嵌条，在其转角处宜涂少量密封胶。以密封胶封缝，应注意填充密实，表面平整光滑；密封胶污染玻璃或框扇时，应及时擦净。

（七）天窗玻璃安装

斜天窗安装玻璃，应按设计要求选用玻璃的品种与规格。设计无要求时，应使用夹丝玻璃。如若使用平板玻璃，宜在玻璃下面加设一层镀锌钢丝网。

斜天窗玻璃应顺流水方向盖叠搭接安装，并用卡子扣牢，以防滑脱。斜天窗的坡度如大于 25％时，两块玻璃要搭接 35 mm左右；如坡度小于 25％时，要搭叠 50 mm。搭接重叠的缝隙，应垫好油纸并用防锈油灰嵌塞密实。

五、金属门窗安装工程常见质量问题及处理

（1）普通钢门窗安装工程的质量通病及其防治措施见表4-39。

表4-39　普通钢门窗安装工程质量通病及防治措施

项次	质量通病	防治措施
1	门窗框不方正，翘曲	（1）运到现场的门窗框应实测对角线的长度，不应超过规范规定的允许偏差； （2）门窗框的平整度实测必须合格。凡不合格的门窗应及时修整至合格方可使用。否则，应退货
2	门窗框扇变形	（1）门窗扇应放在托架上运输，起吊，不得将抬杠穿入框内抬运； （2）不得在门窗上搭设脚手板或悬挂重物； （3）在施工中利用门窗洞作材料运输出入口时，应在门窗框边铺钉保护板，以防碰伤撞坏
3	密封条缺口或黏结不牢	（1）装在门窗框扇上的密封条，下料要比公称尺寸长10～20 mm，安装时应压实，避免由于密封条收缩引起缺口或局部不密封； （2）门窗涂料干燥后方可安装密封条
4	五金螺钉拧进深度不够	门窗五金安装前应用旋具将螺钉孔重新钻一下，把塞入孔内的涂料顶出后再拧入螺钉
5	开关不灵	（1）固定门窗铁脚的预留孔，应清扫干净，先浇水湿透，门窗装入洞口按安装线摆正，横平竖直，找平、吊线合格后，用木楔固定框子。伸入孔内的铁脚，必须用1：2水泥砂浆填满嵌实，浇水养护，待水泥砂浆凝固后方可取出木楔进行二次塞缝。水泥砂浆未凝固前，不得在钢门窗上进行其他作业； （2）中竖框与预埋件焊结或嵌固在预留孔中，应用水平尺找平，线锤吊正，严防中竖框向扇方向偏斜，造成框扇摩擦或相卡

（2）铝合金门窗工程质量通病及其防治措施见表 4-40。

表 4-40 铝合金门窗工程质量通病及防治措施

项次	质量通病	防治措施
1	带形组合扇之间产生裂缝	横向及竖向带形窗、门之间组合杆件必须同相邻门窗套插、搭接，形成曲面组合，其搭接量应大于 8 mm，并用密封胶密封，防止门窗因受冷热和建筑物变化而产生裂缝
2	砖砌墙体射钉固定门窗框铁角	当门窗洞口为砖砌墙体时，应用钻孔或凿洞方法固定铁脚，射钉固定不牢靠
3	渗水	一般是在铝合金窗的下槛部分渗水或外墙面推拉窗槽口内积水，从而导致渗水。遇到这种情况时，应采取两个方面的措施：第一，下框外框和轨道根应钻排水孔；横竖框相交丝缝注硅酮胶封严；第二，窗下框与洞口间隙的大小，应根据不同饰面材料留设。一般间隙不少于 50 mm，使窗台能放流水坡，切忌密封胶掩埋框边，避免槽口积水无法外流
4	施工时未留填密封胶的槽口	这种情况主要发生在外窗外门框的粉刷施工过程中。门窗套粉刷时，应在门窗框内外框边嵌条留 5～8 mm 深的槽口，槽口内用密封胶嵌填密封，胶体表面应压平、光洁
5	水泥砂浆嵌缝	在固定门窗外框时，往往会发生窗框周围用水泥砂浆嵌缝的错误。一般而言，门窗外框四周应为弹性连接，至少应填充 20 mm 厚的保温软质材料，同时避免门窗框四周形成冷热交换区。另外，粉刷门窗套时，门窗内外框边应留槽口用密封胶填平、压实。严禁水泥砂浆直接同门窗框接触，以防腐蚀

（3）涂色镀锌钢板门窗工程的质量通病及其防治措施见表4-41。

表 4-41　涂色镀锌钢板门窗工程质量通病及防治措施

项次	质量通病	防治措施
1	边砌墙边安装	涂色镀锌钢板门窗为薄壁空腔型材制作，易损难修，应采用预留洞口方式安装，以保护副框和外框不受损伤
2	门窗框与副框紧固时，副框三面未贴密封条；不带副框门窗与洞口间缝隙未用胶封	（1）带副框门窗安装时，副框顶面及两侧均应贴密封条，然后将门窗放入副框内，用自攻螺钉将门窗外框与副框紧固，盖好螺钉盖，推拉窗应调整好滑块； （2）不带副框窗在安装前，室内外及窗洞口的墙面应粉刷完毕，将窗框与洞口用膨胀螺栓直接连接，四周框边内外应嵌填密封胶密封
3	拼接处缝隙未进行密封处理	（1）副框与门窗框以及拼管之间的缝隙，应用密封胶封严； （2）室内外刷浆完毕剥去框上保护胶条
4	不带副框的窗框堆嵌水泥砂浆	（1）无副框的窗、门，应先做完室内外及洞口墙面粉刷方可安装； （2）洞口弹好门窗安装线后，将门窗放入洞口内，用膨胀螺栓将门窗外框固定在洞口墙体内，嵌密封胶防水，不应堆嵌水泥砂浆

六、工程质量要求与检验

1. 主控项目

主控项目内容及验收要求见表4-42。

表 4-42　主控项目内容及验收要求

项次	项目内容	质量要求	检验方法
1	门窗质量	金属门窗的品种、类型、规格、尺寸、性能、开启方向、安装位置、连接方式及铝合金门窗的型材壁厚应符合设计要求。金属门窗的防腐处理及填嵌、密封处理应符合设计要求	观察；尺量检查；检查产品合格证书、性能检测报告、进场验收记录和复验报告；检查隐蔽工程验收记录
2	框和副框安装，预埋件	金属门窗框和副框的安装必须牢固。预埋件的数量、位置、埋设方式、与框的连接方式必须符合设计要求	手扳检查；检查隐蔽工程验收记录
3	门窗扇安装	金属门窗扇必须安装牢固，并应开关灵活、关闭严密，无倒翘。推拉门窗扇必须有防脱落措施	观察；开启和关闭检查；手扳检查
4	配件质量及安装	金属门窗配件的型号、规格、数量应符合设计要求，安装应牢固，位置应正确，功能应满足使用要求	

2. 一般项目

一般项目内容及验收要求见表 4-43。

表 4-43　一般项目内容及验收要求

项次	项目内容	质量要求	检验方法
1	门窗表面质量	金属门窗表面应洁净、平整、光滑、色泽一致，无锈蚀。大面应无划痕、碰伤。漆蜡或保护层应连续	观察

续表

项次	项目内容	质量要求	检验方法
2	铝合金门窗推拉门窗扇开关应力	铝合金门窗推拉门窗扇开关力应不大于 100 N	用弹簧秤检查
3	框与墙体间缝隙	金属门窗框与墙体之间的缝隙应填嵌饱满，并采用密封胶密封。密封胶表面应光滑、顺直，无裂纹	观察；轻敲门窗框检查；检查隐蔽工程验收记录
4	扇密封胶条或毛毡密封条	金属门窗扇的橡胶密封条或毛毡密封条应安装完好，不得脱槽	观察；开启和关闭检查
5	排水孔	有排水孔的金属门窗，排水孔应畅通，位置和数量应符合设计要求	观察

3. 金属门窗安装允许偏差及检验方法

（1）钢门窗安装的留限值、允许偏差和检验方法见表 4-44。

表 4-44 钢门窗安装的留缝限值、允许偏差和检验方法 mm

项次	项目		留缝限值	允许偏差	检验方法
1	门窗槽口宽度、高度	≤1 500	—	2.5	用钢尺检查
		＞1 500 mm	—	3.5	
2	门窗槽口对角线长度差	≤2 000	—	5	
		＞2 000	—	6	
3	门窗框的正、侧面垂直度		—	3	用 1 m 垂直检测尺检查
4	门窗横框的水平度		—	3	用 1 m 水平尺和塞尺检查

续表

项次	项　目	留缝限值	允许偏差	检验方法
5	门窗横框标高	—	5	用塞尺检查
6	门窗竖向偏离中心	—	4	
7	双层门窗内外框间距	—	5	
8	门窗框、扇配合间隙	≤2	—	
9	无下框时门扇与地面间留缝	4～8	—	

（2）铝合金门窗安装的允许偏差和检验方法见表 4-45。

表 4-45　铝合金门窗安装的允许偏差和检验方法　mm

项次	项　目		允许偏差	检　验　方　法
1	门窗槽口宽度、高度	≤1 500	1.5	用钢尺检查
		>1 500	2	
2	门窗槽口对角线长度差	≤2 000	3	
		>2 000	4	
3	门窗框的正、侧面垂直度		2.5	用垂直检测尺检查
4	门窗横框的水平度		2	用 1 m 水平尺和塞尺检查
5	门窗横框标高		5	用钢尺检查
6	门窗竖向偏离中心		5	
7	双层门窗内外框间距		4	
8	推拉门窗扇与框搭接量		1.5	

（3）涂色镀锌钢板门窗安装的允许偏差和检验方法见表 4-46。

表 4-46　涂色镀锌钢板门窗安装的允许偏差和检验方法　mm

项次	项　目		允许偏差	检验方法
1	门窗槽口宽度、高度	≤1 500	2	用钢尺检查
		>1 500	3	
2	门窗槽口对角线长度差	≤2 000	4	
		>2 000	5	
3	门窗框的正、侧面垂直度		3	用垂直检测尺检查
4	门窗横框的水平度		3	用 1 m 水平尺和塞尺检查
5	门窗横框标高		5	用钢尺检查
6	门窗竖向偏离中心		5	
7	双层门窗内外框间距		4	
8	推拉门窗扇与框搭接量		2	

第五章　安全管理与文明施工

第一节　安全管理

一、安全管理的内容

1. 安全组织管理

为保证国家有关安全生产的政策、法规及安全管理制度的落实，施工企业应建立健全安全管理机构，并对安全管理机构的构成、职责和工作模式作出规定。施工企业还应重视安全档案管理工作，及时整理、完善安全档案、安全资料，为预防、预测、预报安全事故提供依据。

2. 安全制度管理

根据国家及行业有关安全生产的政策、法规、规范和标准，建立一整套安全管理制度，包括安全生产责任制度、安全生产教育制度、安全生产检查制度等。用制度约束施工人员的行为，达到安全生产的目的。

3. 施工人员操作规范化管理

施工单位要严格按照国家及行业的有关规定，按操作规程及工作条例的要求规范施工人员的行为，坚决贯彻执行各项安全管理制度，杜绝由于违反操作规程而引发的工伤事故。

4. 施工安全技术管理

在施工生产过程中，为了防止和消除伤亡事故，企业应根据国家及行业的有关规定，针对工程特点、施工现场环境、使用机械以及施工中可能使用的有毒有害材料，提出安全技术和防护措施。安全技术措施在开工前应根据施工图编制。施工前必须以书面形式对施工人员进行安全技术交底，对可能造成的安全事故，从技术上采取措施，消除危险。施工中对安全技术措施要认真组织实施，经常进行监督检查。对施工中出现的新问题，技术人员和安全管理人员要在调查分析的基础上，提出新的安全技术措施。

5. 施工安全设施管理

根据原建设部颁发的《建筑工程施工现场管理规定》中要求对施工现场的运输道路，附属加工设施，给排水、动力及照明、通信等管线，临时性建筑（仓库、工棚、食堂、水泵房、变电所等），材料、构件、设备及工器具的堆放点，施工机械的行进路线，安全防火设施等一切施工所必需的临时工程设施进行合理的设计、有序摆放和科学管理。

二、安全管理的要求

1. 正确处理安全管理的各种关系

（1）安全与危险的关系。安全与危险在同一事物的运动中是相互对立的，也是相互依赖而存在的。因为有危险，所以才进行安全生产过程控制，以防止或减少危险。安全与危险并非是等量并存、平静相处，随着事物的运动变化，安全与危险每时每刻都在起变化，彼此进行斗争。事物的发展将向斗争的胜方倾斜。可见，在事物的运动中，都不会存在绝对的安全或危险。保持生产的安全状态，必须采取多种措施，以预防为主，危险因素是可以控制的。因为危险因素是客观的存在于事物运动之中的，是可知的，也是可控的。

（2）安全与生产的统一。生产是人类社会存在和发展的基础，安全是生产的客观要求，当生产完全停止时，安全也就失去了意义；就生产目标来说，组织好安全生产就是对国家、人民和社会最大的负责。有了安全保障，生产才能持续、稳定健康发展，若生产活动中事故不断发生，生产势必陷于混乱甚至瘫痪。当生产与安全发生矛盾，危及员工生命或财产时，停止生产经营活动进行整治、消除危险因素以后，生产经营形势会变得更好。

（3）安全与质量同步。质量和安全工作交互作用，互为因果。安全第一，质量第一，两个第一并不矛盾。安全第一是从保护生产经营因素的角度提出的。而质量第一则是从关心产品成果的角度而强调的，安全为质量服务，质量需要安全保证。生产过程中哪一头都不能丢掉，否则，将陷于失控状态。

（4）安全与速度互促。生产中违背客观规律，盲目蛮干、乱干，在侥幸中求得的进度，缺乏真实与可靠的安全支撑，往往容易酿成不幸，不但无速度可言，反而会延误时间，影响生产。速度应以安全做保障，安全就是速度，我们应追求安全加速度，避免安全减速度。安全与速度成正比关系。一味强调速度，置职业健康安全于不顾的做法是极其有害的。当速度与安全发生矛盾时，暂时减缓速度，保证安全才是正确的选择。

（5）安全与效益同在。安全技术措施的实施，会不断改善劳动条件，调动职工的积极性，提高工作效率，带来经济效益，从这个意义上说，安全与效益是完全一致的，安全促进了效益的增长。在实施安全措施中，投入要精打细算、统筹安排。既要保证安全生产，又要经济合理，还要考虑力所能及。为了省钱而忽视安全生产，或追求资金盲目高投入，都是不可取的。

2. 做到“六个坚持”

（1）坚持生产、安全同时管理。安全寓于生产之中，并对生产发挥促进与保证作用，因此，安全与生产虽有时会出现矛盾，但在安全、生产管理的目标上会表现出高度的一致和统一。安全管理是生产管理的重要组成部分，安全与生产在实施过程中存在着密切的联系，存在着进行共同管理的基础。

（2）坚持目标管理。安全管理的内容是对生产中的人、物、环境因素状态的管理，在于有效地控制人的不安全行为和物的不安全状态，消除或避免事故，达到保护劳动者的安全的目标。没有明确目标的安全管理是一种盲目行为。盲目的安全管理，往往劳民伤财，危险因素依然存在。在一定意义上，盲目的安全管理，只能纵容威胁人的安全状态，向更为严重的方向发展或转化。

（3）坚持预防为主。安全生产的方针是“安全第一，预防为主”，安全第一是从保护生产力的角度和高度，表明在生产范围内，安全与生产的关系，肯定安全在生产活动中的位置和重要性。预防为主，首先是端正对生产中不安全因素的认识和消除不安全因素的态度，选准消除不安全因素的时机。在安排与布置生产经营任务的时候，针对施工生产中可能出现的危险因素，采取措施予以消除是最佳选择。在生产活动过程中经常检查，及时发现不安全因素，采取措施，明确责任，尽快地、坚决地予以消除，是安全管理应有的鲜明态度。

（4）坚持全员管理。安全管理不是少数人和安全机构的事，而是一切与生产有关的机构、人员共同的事，缺乏全员的参与，安全管理不会有生气、不会出现好的管理效果。

（5）坚持过程控制。通过识别和控制特殊关键过程，做到预防和消除事故，防止或消除事故伤害。在安全管理的主要内容中，虽然都是为了达到安全管理的目标，但是对生产过程的控制，与安全管理目标关系更直接，显得更为突出，因此，对生产中人的不安全行为和物的不安全状态的控制，必须列入过程安全制度管理的节点。事故发生往往是由于人的不安全行为运动轨迹与物的不安全状态运动轨迹的交叉所造成的，从事故发生的原因来看，对生产过程的控制应该作为安全管理重点。

（6）坚持持续改进。安全管理是在变化着的生产经营活动中的管理，是一种动态管理。其管理就意味着是不断改进发展的、不断变化的，以适应变化的生产活动，消除新的危险因素。需要的是不间断的摸索新的规律，总结控制的办法与经验，指导新的变化后的管理，从而不断提高安全管理水平。

三、安全管理体系

1. 安全管理体系的作用

（1）安全状况是经济发展和社会文明程度的反映。使所有劳动者获得安全与健康，是社会公正、安全、文明、健康发展的基本标志，也是保持社会安定团结和经济可持续发展的重要条件。

（2）安全管理体系是对企业环境的安全状态规定了具体的要求和限定，通过科学管理使工作环境符合安全标准的要求。

（3）安全管理体系的运行主要依赖于逐步提高，持续改进，是一个动态的、自然调整和完善的管理系统。同时，也是安全管理体系的基本思想。

（4）安全管理体系是项目管理体系中的一个子系统，其循环也是整个管理系统循环的一个子系统。

2. 建立安全管理体系的意义

（1）是提高安全管理水平的需要。安全管理体系的建立有助于改善安全生产规章制度不健全、管理方法不适应、职业健康安全生产状况不佳的现状。

（2）是适应市场经济管理体制的需要。随着我国经济体制的改革，安全生产管理体制确立了企业负责的主导地位，企业要生存发展，就必须推行“安全管理体系”。

（3）是顺应全球经济一体化趋势的需要。建立安全管理体系，有利于抵制非关税贸易壁垒。因为世界发达国家要求把人权、环境保护和劳动条件纳入国际贸易范畴，将劳动者权益和安全状况与经济问题挂钩，否则，将受到关税的制约。

（4）是加入 WTO 后参与国际竞争的需要。安全管理体系的建立，可以从根本上改善管理机制和劳工状况。安全管理体系的认证是我国加入世贸组织，企业进入世界经济和贸易领域的一张国际通行证。

四、安全管理法律法规和标准规范

1. 安全生产法律基础知识

（1）安全生产法规。安全生产法规是指国家关于改善劳动条件、实现安全生产、为保护劳动者在生产过程中的安全和健康而制定的各种法律、法规、规章和规范性文件的总和，是必须执行的法律规范。

（2）安全技术规范。安全技术规范是指人们关于合理利用自然力、生产工具、交通工具和劳动对象的行为准则。安全技术规范是强制性的标准。因为违反规范、规程造成事故，往往会给个人和社会带来严重危害。为了有效维护社会秩序和工作秩序，把遵守安全技术规范确定为法律义务，有时把它直接规定在法律文件中，使之具有法律规范性质。

2. 安全生产法规和行业标准

我国的立法部门和相关行业则结合国情和行业特点制定了许多有关建筑安全的法规和行业标准，见表5-1。

表5-1　建筑安全相关法规和行业标准

类别	编号	名　　称	备　　注
法规	—	《中华人民共和国劳动法》	1994年7月5日第八届全国人大第8次会议通过
	—	《中华人民共和国建筑法》	1997年11月1日第八届全国人大第28次会议通过
	—	《中华人民共和国安全生产法》	2002年6月29日第九届全国人大第28次会议通过
	—	《建设工程安全生产管理条例》	2003年11月12日国务院第28次常务会议通过

续表

类别	编号	名　　称	备　　注
国家标准	GB 50194—1993	《建设工程施工现场供用电安全规范》	1994 年 8 月 1 日起实施
行业标准	JGJ 65—1989	《液压滑动模板施工安全技术规程》	1990 年 5 月 1 日起实施
	JGJ 80—1991	《建筑施工高处作业安全技术规范》	1992 年 8 月 1 日起实施
	JGJ 88—1992	《龙门架及井架物料提升机安全技术规范》	1993 年 8 月 1 日起实施
	JGJ 59—1999	《建筑施工安全检查标准》	1999 年 5 月 1 日起实施
	JGJ 128—2000	《建筑施工门式钢管脚手架安全技术规范》	2000 年 12 月 1 日起实施
	JGJ 130—2001	《建筑施工扣件式钢管脚手架安全技术规范》	2001 年 6 月 1 日起实施
	JGJ 33—2001	《建筑机械使用安全技术规程》	2001 年 11 月 1 日起实施
	JGJ/T 77—2003	《施工企业安全生产评价标准》	2003 年 12 月 1 日起实施
	JGJ 146—2004	《建筑施工现场环境与卫生标准》	2005 年 3 月 1 日起实施
	JGJ 147—2004	《建筑拆除工程安全技术规范》	2005 年 3 月 1 日起实施
	JGJ 46—2005	《施工现场临时用电安全技术规范》	2005 年 7 月 1 日起实施

五、安全生产教育

1. 安全生产教育的内容

安全是生产赖以正常进行的前提，安全生产教育又是安全管理工作的重要环节，是提高全员安全素质、安全管理水平和防止事故，从而实现安全生产的重要手段。

（1）安全生产思想教育。安全生产思想教育的目的是为安全生产奠定思想基础。通常从加强思想认识、方针政策和劳动纪律教育等方面进行：

1）思想认识和方针政策的教育。一是提高各级管理人员和广大职工群众对安全生产重要意义的认识。从思想上、理论上认识社会主义制度下搞好安全生产的重要意义，以增强关心人、保护人的责任感，树立牢固的群众观点；二是通过安全生产方针、政策教育，提高各级技术、管理人员和广大职工的政策水平，使他们正确全面地理解党和国家的安全生产方针、政策，严肃认真地执行安全生产方针、政策和法规。

2）劳动纪律教育。主要是使广大职工懂得严格遵守劳动纪律对实现安全生产的重要性，企业的劳动纪律是劳动者进行共同劳动时必须遵守的法则和秩序。反对违章指挥，反对违章作业，严格执行安全操作规程，遵守劳动纪律是贯彻安全生产方针、减少伤害事故、实现安全生产的重要保证。

（2）安全知识教育。企业所有职工必须具备安全基本知识。因此，全体职工都必须接受安全知识教育和每年按规定学时进行安全培训。安全基本知识教育的主要内容是：企业的基本生产概况；施工（生产）流程、方法；企业施工（生产）危险区域及其安全防护的基本知识和注意事项；机械设备、厂（场）内运输的有关职业健康安全知识；有关电气设备（动力照明）的基本安全知识；高处作业安全知识；生产（施工）中使用的有毒、有害物质的安全防护基本知识；消防制度及灭火器材应用的基本知识；个人防护用品的正确使用知识等。

（3）安全技能教育。安全技能教育就是结合本工种专业特点，实现安全操作、安全防护所必须具备的基本技术知识要求。每个职工都要熟悉本工种、本岗位专业安全技术知识。安全技能知识是比较专门、细致和深入的知识。它包括安全技术、劳动卫生和安全操作规程。国家规定建筑登高架设、起重、焊接、电气、爆破、压力容器、锅炉等特种作业人员必须进行专门的安全技术培训。宣传先进经验，既是教育职工找差距的过程，又是学、赶先进的过程；事故教育可以从事故教训中吸取有益的东西，防止今后类似事故的重复发生。

（4）法制教育。法制教育就是要采取各种有效形式，对全体职工进行安全生产法规和法制教育，从而提高职工遵法、守法的自觉性，以达到安全生产的目的。

2. 安全生产教育的形式

（1）新工人“三级安全教育”。

三级安全教育是企业必须坚持的安全生产基本教育制度。对新工人（包括新招收的合同工、临时工、学徒工、农民工及实习和代培人员）必须进行公司、项目、作业班组三级安全教育，时间不得少于40小时。

三级安全教育的主要内容：

1）公司进行安全基本知识、法规、法制教育，主要内容是：

①党和国家的安全生产方针、政策。

②安全生产法规、标准和法制观念。

③本单位施工（生产）过程及安全生产规章制度、安全纪律。

④本单位安全生产形势、历史上发生的重大事故及应吸取的教训。

⑤发生事故后如何抢救伤员、排险、保护现场和及时进行报告。

2）项目进行现场规章制度和遵章守纪教育，主要内容是：

①本单位（工区、工程处、车间、项目）施工（生产）特点及施工（生产）安全基本知识。

②本单位（包括施工、生产场地）安全生产制度、规定及安全注意事项。

③本工种的安全技术操作规程。

④机械设备、电气安全及高处作业等安全基本知识。

⑤防火、防雷、防尘、防爆知识及紧急情况安全处置和安全疏散知识。

⑥防护用品发放标准及防护用具、用品使用的基本知识。

3）班组安全生产教育由班组长主持进行，或由班组安全员及指定技术熟练、重视安全生产的老工人讲解。进行本工种岗位职业健康安全操作及班组职业健康安全制度、纪律教育。主要内容是：

①本班组作业特点及职业健康安全操作规程。

②班组职业健康安全活动制度及纪律。

③爱护和正确使用职业健康安全防护装置（设施）及个人劳动防护用品。

④本岗位易发生事故的不安全因素及其防范对策。

⑤本岗位的作业环境及使用的机械设备、工具的职业健康安全要求。

（2）转场安全教育。新转入施工现场的工人必须进行转场安全教育，教育时间不得少于8小时，教育内容包括：

1）本项目安全生产状况及施工条件。

2）施工现场中危险部位的防护措施及典型事故案例。

3）本项目的安全管理体系、规定及制度。

(3) 变换工种安全教育。凡改变工种或调换工作岗位的工人必须进行变换工种安全教育；变换工种安全教育时间不得少于4小时，教育考核合格后方准上岗。教育内容包括：

1）新工作岗位或生产班组安全生产概况、工作性质和职责。

2）新工作岗位必要的安全知识，各种机具设备及安全防护设施的性能和作用。

3）新工作岗位、新工种的安全技术操作规程。

4）新工作岗位容易发生的事故及有毒有害的地方。

5）新工作岗位个人防护用品的使用和保管。

(4) 特种作业安全教育。一般工种不得从事特种作业。从事特种作业的人员必须经过专门的安全技术培训，经考试合格取得操作证后方准独立作业。

对特种作业人员的培训、取证及复审等工作严格执行国家、地方政府的有关规定。对从事特种作业的人员要进行经常性的安全教育，时间为每月一次，每次教育4小时。教育内容为：

1）特种作业人员所在岗位的工作特点，可能存在的危险、隐患和安全注意事项。

2）特种作业岗位的安全技术要领及个人防护用品的正确使用方法。

3）本岗位曾发生的事故案例及经验教训。

(5) 班前安全活动交底（班前安全讲话）。班前安全讲话是施工队伍经常性安全教育活动之一，各作业班组长于每班工作开始前（包括夜间工作前）必须对本班组全体人员进行不少于15分钟的班前安全活动交底。班组长要将安全活动交底内容记录在专用的记录本上，各成员在记录本上签名。

班前安全活动交底的内容应包括：

1）本班组安全产生须知。

2）本班组工作中的危险点和应采取的对策。

3）上一班工作中存在的安全问题和应采取的对策。

在特殊性、季节性和危险性较大的作业前，责任工长要参加班前安全讲话并对工作中应注意的安全事项进行重点交底。

（6）周一安全活动。周一安全活动是项目经常性安全活动之一，每周一开始工作前应对全体在岗工人开展至少1小时的安全生产及法制教育活动。活动形式可采取看录像、听报告、分析事故案例、图片展览、急救示范、智力竞赛、热点辩论等形式进行。工程项目主要负责人要进行安全讲话，主要内容包括：

1）上周安全生产形势、存在问题及对策。

2）最新安全生产信息。

3）重大的和季节性的安全技术措施。

4）本周安全生产工作的重点、难点和危险点。

5）本周安全生产工作的目标和要求。

（7）季节性施工安全教育。进入雨期及冬期施工前，在现场经理的部署下，由各区域责任工程师负责组织本区域内施工的分包队伍管理人员及操作工人进行专门的季节性施工安全技术教育，时间不少于2小时。

（8）节假日职业健康安全教育。节假日前后应特别注意各级管理人员及操作者的思想动态，有意识有目的地进行教育，稳定他们的思想情绪，预防事故的发生。

（9）特殊情况安全教育。项目出现以下几种情况时，工程项目经理应及时安排有关部门和人员对施工工人进行安全生产教育，时间不少于2小时。

1）因故改变安全操作规程。

2）实施重大和季节性安全技术措施。

3）更新仪器、设备和工具，推广新工艺、新技术。

4）发生因工伤亡事故、机械损坏事故及重大未遂事故。

5）出现其他不安全因素，安全生产环境发生了变化。

六、安全生产责任制

为贯彻落实党和国家有关安全生产的政策法规，明确项目各级人员、各职能部门的安全生产责任，保证施工生产过程中的人身安全和财产安全，根据国家及上级有关规定，特制定项目安全生产责任制度。

1. 项目经理

(1) 工程项目经理是项目工程安全生产的第一责任人，对项目工程经营生产全过程中的安全负全面领导责任。

(2) 工程项目经理必须经过专门的安全培训考核，取得项目管理人员安全生产资格证书，方可上岗。

(3) 贯彻落实各项安全生产规章制度，结合项目特点及施工性质，制定有针对性的安全生产管理办法和实施细则，并落实实施。

(4) 在组织项目施工、聘用业务人员时，要根据工程特点、施工人数、施工专业等情况，按规定配备一定数量和素质的专职安全员，确定安全管理体系；明确各级人员和分承包方的安全责任和考核指标，并制定考核办法。

(5) 健全和完善用工管理手续，录用外协施工队伍必须及时向人事劳务部门、安全部门申报，必须事先审核注册、持证等情况，对工人进行三级安全教育后，方准入场上岗。

(6) 负责施工组织设计、施工方案、安全技术措施的组织落实工作，组织并督促项目安全技术交底制度、设施设备验收制度的实施。

(7) 领导、组织施工现场每旬一次的定期安全生产检查，发现施工中的不安全问题，组织制定整改措施及时解决；对上级提出的安全生产与管理方面的问题，要在限期内定时、定人、定措施予以解决；接到政策部门安全监察指令书和重大安全隐患通知单，应立即停止施工，组织力量进行整改。隐患消除后，必须报请上级部门验收合格，才能恢复施工。

(8) 在项目施工中，采用新设备、新技术、新工艺、新材料，必须编制科学的施工方案、配备安全可靠的劳动保护装置和劳动防护用品，否则不准施工。

(9) 发生因工伤亡事故时，必须做好事故现场保护与伤员的抢救工作，按规定及时上报，不得隐瞒、虚报和故意拖延不报。积极组织配合事故的调查，认真制定并落实防范措施，吸取事故教训，防止发生重复事故。

2. 项目生产副经理

(1) 工程项目生产副经理对工程项目的安全生产负直接领导责任，协助工程项目经理认真贯彻执行国家职业健康安全生产方针、政策、法规，落实各项安全生产规范、标准和项目的各项安全生产管理制度。

(2) 组织实施项目总体和施工各阶段安全生产工作规划以及各项安全技术措施、方案的组织实施工作，组织落实项目各级人员的安全生产责任制。

(3) 组织领导项目安全生产的宣传教育工作，并制定项目安全培训实施办法，确定安全生产考核指标，制定实施措施和方案，并负责组织实施，负责外协施工队伍各类人员的安全教育、培训和考核审查的组织领导工作。

(4) 配合工程项目经理组织定期安全生产检查，负责工程项目各种形式的安全生产检查的组织、督促工作和安全生产隐患整改“三落实”的实施工作，及时解决施工中的安全生产问题。

(5) 负责项目安全生产管理机构的领导工作，认真听取、采纳职业健康安全生产的合理化建议，支持职业健康安全生产管理人员的业务工作，保证项目职业健康安全生产保证体系的正常运转。

(6) 工地发生伤亡事故时，负责事故现场保护、职工教育、防范措施落实，并协助做好事故调查分析的具体组织工作。

3. 项目安全总监

(1) 项目安全总监在现场经理的直接领导下履行项目安全生产工作的监督管理职责。

(2) 宣传贯彻安全生产方针政策、规章制度，推动项目安全组织保证体系的运行。

(3) 督促实施施工组织设计、安全技术措施；实现安全管理目标；对项目各项安全生产管理制度的贯彻与落实情况进行检查与具体指导。

(4) 组织分承包商安全专兼职人员开展安全监督与检查工作。

(5) 查处违章指挥、违章操作、违反劳动纪律的行为和人员，对重大事故隐患采取有效的控制措施，必要时可采取局部直至全部停产的非常措施。

(6) 督促开展周一安全活动和项目安全讲评活动。

(7) 负责办理与发放各级管理人员的安全资格证书和操作人员安全上岗证。

(8) 参与事故的调查与处理。

4. 项目技术负责人

(1) 项目技术负责人对项目生产经营中的安全生产负技术责任。

(2) 贯彻落实国家安全生产方针、政策，严格执行安全技术规程、规范、标准；结合工程特点，进行项目整体安全技术交底。

(3) 参加或组织编制施工组织设计，在编制、审查施工方案时，必须制定、审查安全技术措施，保证其可行性和针对性，并认真监督实施情况，发现问题及时解决。

(4) 主持制定技术措施计划和季节性施工方案的同时，必须制定相应的安全技术措施并监督执行，及时解决执行中出现的问题。

(5) 应用新材料、新技术、新工艺，要及时上报，经批准后方可实施，同时必须组织对上岗人员进行安全技术的培训、教育；认真执行相应的安全技术措施与安全操作工艺要求，预防施工中因化学药品引起的火灾、中毒或在新工艺实施中可能造成的事故。

(6) 主持安全防护设施和设备的验收。严格控制不符合标准要求的防护设备、设施投入使用；使用中的设施、设备，要组织定期检查，发现问题及时处理。

(7) 参加安全生产定期检查，对施工中存在的事故隐患和不安全因素，从技术上提出整改意见和消除办法。

(8) 参加或配合工伤及重大未遂事故的调查，从技术上分析事故发生的原因，提出防范措施和整改意见。

5. 工长、施工员

(1) 工长、施工员是所管辖区域范围内安全生产的第一责任人，对所管辖范围内的安全生产负直接领导责任。

(2) 认真贯彻落实上级有关规定，监督执行安全技术措施及安全操作规程，针对生产任务特点，向班组（外协施工队伍）进行书面安全技术交底，履行签字手续，并对规程、措施、交底要求的执行情况经常检查，随时纠正违章作业。

(3) 负责组织落实所管辖施工队伍的三级安全教育、常规安全教育、季节转换及针对施工各阶段特点等进行的各种形式的安全教育，负责组织落实所管辖施工队伍特种作业人员的安全培训工作和持证上岗的管理工作。

（4）经常检查所管辖区域的作业环境、设备和安全防护设施的安全状况，发现问题及时纠正解决。对重点特殊部位施工，必须检查作业人员及各种设备和安全防护设施的技术状况是否符合安全标准要求，认真做好书面安全技术交底，落实安全技术措施，并监督执行，做到不违章指挥。

（5）负责组织落实所管辖班组（外协施工队伍）开展各项安全活动，学习安全操作规程，接受安全管理机构或人员的安全监督检查，及时解决其提出的不安全问题。

（6）对项目中应用的新材料、新工艺、新技术严格执行申报、审批制度，发现不安全问题，及时停止施工，并上报领导或有关部门。

（7）发生因工伤亡及未遂事故必须停止施工，保护现场，立即上报，对重大事故隐患和重大未遂事故，必须查明事故发生原因，落实整改措施，经上级有关部门验收合格后方准恢复施工，不得擅自撤除现场保护设施，强行复工。

6. 外协施工队负责人

（1）外协施工队负责人是本队安全生产的第一责任人，对本单位安全生产负全面领导责任。

（2）认真执行安全生产的各项法规、规定、规章制度及安全操作规程，合理安排组织施工班组人员上岗作业，对本队人员在施工生产中的安全和健康负责。

（3）严格履行各项劳务用工手续，做到证件齐全，特种作业持证上岗。做好本队人员的岗位安全培训、教育工作，经常组织学习安全操作规程，监督本队人员遵守劳动、安全纪律，做到不违章指挥，制止违章作业。

（4）必须保持本队人员的相对稳定，人员变更须事先向用工单位有关部门报批，新进场人员必须按规定办理各种手续，并经入场和上岗安全教育后，方准上岗。

（5）组织本队人员开展各项安全生产活动，根据上级的交底向本队各施工班组进行详细的书面安全交底，针对当天施工任务、作业环境等情况，做好班前安全讲话，施工中发现安全问题，应及时解决。

（6）定期和不定期组织检查本队施工的作业现场安全生产状况，发现不安全因素，及时整改，发现重大事故隐患应立即停止施工，并上报有关领导，严禁冒险蛮干。

（7）发生因工伤亡或重大未遂事故，组织保护好事故现场，做好伤者抢救工作和防范措施，并立即上报，不准隐瞒、拖延不报。

7. 班组长

（1）班组长是本班组安全生产的第一责任人，认真执行安全生产规章制度及安全技术操作规程，合理安排班组人员的工作，对本班组人员在施工生产中的安全和健康负直接责任。

（2）经常组织班组人员开展各项安全生产活动和学习安全技术操作规程，监督班组人员正确使用个人劳动防护用品和安全设施、设备，不断提高安全自保能力。

（3）认真落实安全技术交底要求，做好班前交底，严格执行安全防护标准，不违章指挥，不冒险蛮干。

（4）经常检查班组作业现场的安全生产状况和工人的安全意识、安全行为，发现问题及时解决，并上报有关领导。

（5）发生因工伤亡及未遂事故，保护好事故现场，并立即上报有关领导。

8. 工人

（1）工人是本岗位安全生产的第一责任人，在本岗位作业中对自己、对环境、对他人的安全负责。

（2）认真学习、严格执行安全操作规程，模范遵守安全生产规章制度。

（3）积极参加各项安全生产活动，认真执行安全技术交底要求，不违章作业、不违反劳动纪律，虚心服从安全生产管理人员的监督、指导。

（4）发扬团结友爱精神，在安全生产方面做到互相帮助，互相监督，维护一切安全设施、设备，做到正确使用，不准随意拆改，对新工人有传、带、帮的责任。

（5）对不安全的作业要求要提出意见，有权拒绝违章指令。

（6）发生因工伤亡事故，要保护好事故现场并立即上报。

（7）在作业时要严格做到“眼观六面、安全定位；措施得当、安全操作”。

9. 交叉施工作业的安全责任

（1）交叉施工作业上部施工单位应为下部施工人员提供可靠的隔离防护措施，确保下部施工作业人员的安全，在隔离防护设施未完善之前，下部施工作业人员不得进行施工，隔离防护设施完善后，经过上下方责任人和有关人员进行验收合格后才能施工作业。

（2）工程项目或分包的施工管理人员在交叉施工之前对交叉施工的各方作出明确的安全责任交底，各方必须在交底后组织施工作业，安全责任交底中应对各方的安全消防责任，安全责任区的划分，安全防护设施的标准、维护等内容作出明确要求，并经常检查执行情况。

（3）交叉施工作业中的隔离防护设施及其他安全防护设施由安全责任方提供，当安全责任方因故无法提供防护设施时，可由非责任方提供，责任方负责日常维护和支付租赁费用。

（4）交叉施工作业中的隔离防护设施及其他安全防护设施

的完善和可靠性由责任方负责，由于隔离防护设施或安全防护存在缺陷而导致的人身伤害及设备、设施、料具的损失责任，由责任方承担。

(5) 项目或施工区域出现交叉施工作业安全责任不清或安全责任区划分不明确时，总包和分包应积极主动地进行协调和管理，各分包单位之间进行交叉施工，其各方应积极主动配合，在责任不清、意见不统一时由总包的工程项目负责人或工程调度部门出面协调、管理。

(6) 在交叉施工作业中防护设施完善验收后，非责任方不经总包、分包或有关责任方同意不准任意改动（如电梯井门、护栏、安全网、坑洞口盖板等），因施工作业必须改动时，写出书面报告，需经总、分包和有关责任方同意，才准改动，但必须采取相应的防护措施，工作完成或下班后必须恢复原状，否则非责任方负一切后果责任。

(7) 电气焊割作业严禁与油漆、喷漆、防水、木工等进行交叉作业，在工序安排上应先焊割等明火作业。如果必须先进行油漆、防水作业，施工管理人员应在确认排除有燃爆可能的情况下，再安排电气焊割作业。

(8) 凡进总包施工现场的各分包单位或施工队伍，必须严格执行总包所执行的标准、规定、条例、办法，按标准化文明安全工地组织施工，对于不按总包要求组织施工、现场管理混乱、隐患严重、影响文明安全工地整体达标的或给交叉施工作业的其他单位造成不安全问题的分包单位或施工队伍，总包有权给予经济处罚或终止合同，清出现场。

七、安全技术交底

1. 安全技术交底制度

安全技术交底是指导工人安全施工的技术措施，是项目安全技术方案的具体落实。安全技术交底一般由技术管理人员根据分部分项工程的具体要求、特点和危险因素编写，是操作者的指令性文件，因而，要具体、明确、针对性强，不得用施工现场的安全纪律、安全检查等制度代替，在进行工程技术交底的同时进行安全技术交底。

(1) 设计图技术交底。

1) 交底组织。设计图技术交底由公司工程部负责，向项目经理、技术负责人、施工队长等有关部门及人员交底。各工序、工种由项目责任工长负责向各班组长交底。

2) 交底重点：

①特殊工程及特殊部位或特殊工种的施工组织及设计中未明确的有关问题。

②由公司编制的施工组织设计中的关键施工问题，主要施工工艺、特殊的技术要求。

③技术和材料试验项目及要求等。

(2) 生产管理技术交底。

1) 交底组织：由总工办负责，向项目技术负责人、单位工程负责人和有关职能人员交底。

2) 交底重点：

①传达或遵照公司技术交底的有关内容。

②施工图的内容、工程特点、图纸会审纪要和关键部位。

③施工组织设计的施工方案，主要分部分项工程的施工方法、顺序、质量标准、安全要求和工效的措施。

④推广新技术、新工艺的措施。

⑤冬雨期施工措施及特殊条件下的技术安全措施等。

(3) 项目经理部技术交底。

1) 交底组织：由责任工长向栋号技术员和班组长交底。

2) 交底重点：

①图纸中各分部分项工程的部位及标高，轴线尺寸，预留

洞，预埋件的位置、结构设计意图等有关说明。

②施工操作方法，对不同工种要分别交底，施工顺序和工序间的穿插、衔接要详细说明。

③新结构、新材料、新工艺的操作工艺。

④冬雨期施工措施及在特殊施工中的操作方法与注意事项、要点等。

⑤原材料的规格、型号、标准和质量要求。

⑥各种混合材料的配合比添加剂要求详细交底，必要时，对第一使用者负责示范。

⑦各工种各工序穿插交接时可能发生的技术问题预测。

⑧凡发现未进行技术交底而施工者，罚款500～1 000元。

(4) 施工员（工长）交底。

1) 分项工程施工前由幢号工长交底，下达任务书。

2) 班组长应结合具体施工任务讨论落实，弄清关键部位、质量要求、安全施工和操作要点，然后明确分工任务和相互配合关系，建立责任制，确定保证措施，保证顺利地完成任务。

3) 凡发现未进行口头和书面交底而施工者，罚款500～1 000元。

2. 安全技术交底的方法

技术交底可以采用会议口头形式、文字图表形式，甚至示范操作形式，视工程施工复杂程度和具体交底内容而定。各级技术交底应有文字记录。关键项目、新技术项目应作文字交底。

八、安全技术检查

1. 安全检查制度

为了全面提高项目安全生产管理水平，及时消除职业健康安全隐患，落实各项职业健康安全生产制度和措施，在确保安全的情况下正常地进行施工、生产，建设工程项目实行逐级安全检查制度：

(1) 公司对项目实施定期检查和重点作业部位巡检制度。

(2) 项目经理部每月由现场经理组织，安全总监配合，对施工现场进行一次安全大检查。

(3) 区域责任工程师每半个月组织专业责任工程师（工长）、分包商（专业公司）、行政负责人、技术负责人、工长对所管辖的区域进行安全大检查。

(4) 专业责任工程师（工长）实行日巡检制度。

(5) 项目安全总监对上述人员的活动情况实施监督与检查。

(6) 项目分包单位必须建立各自的安全检查制度，除参加总包组织的检查外，必须坚持自检，及时发现、纠正、整改本责任区的违章、隐患。对危险和重点部位要跟踪检查，做到预防为主。

(7) 施工（生产）班组要做好班前、班中、班后和节假日前后的安全自检工作，尤其作业前必须对作业环境进行认真检查，做到身边无隐患，班组不违章。

(8) 各级检查都必须有明确的目的，做到"四定"，即定整改责任人、定整改措施、定整改完成时间、定整改验收人。并做好检查记录。

2. 安全检查工作的内容

安全检查工作应包括以下两个方面的内容：

(1) 各级管理人员对安全施工规章制度的建立与落实。规章制度的内容包括安全施工责任制、岗位责任制、安全教育制度、安全检查制度等。

(2) 施工现场安全措施的落实和有关安全规定的执行情况。主要包括以下内容：

①安全技术措施。根据工程特点、施工方法、施工机械编

制完善的安全技术措施并在施工过程中得到贯彻。

②施工现场安全组织。工地上是否有专、兼职安全员并组成安全活动小组，工作开展情况，完整的施工安全记录。

③安全技术交底、操作规章的学习贯彻情况。

④安全设防情况。

⑤个人防护情况。

⑥安全用电情况。

⑦施工现场防火设备。

⑧安全标志牌等。

3. 安全检查工作的重点

(1) 临时用电系统和设施。

1) 临时用电是否采用 TN－S 接零保护系统。

①TN－S 系统就是五线制，保护零线和工作零线分开。在一级配电柜设立两个端子板，即工作零线和保护零线端子板，此时入线是一根中性线，出线就是两根线，也就是工作零线和保护零线分别由各自端子板引出。

②现场塔式起重机等设备要求电源从一级配电柜直接引入，引到塔式起重机专用箱，不允许与其他设备共用。

③现场一级配电柜要做重复接地。

2) 施工中临时用电的负荷匹配和电箱合理配置、配设问题。负荷匹配和电箱合理配置、配设要达到“三级配电、两级保护”要求，符合《施工现场临时用电安全技术规范》(JGJ 46－2005) 和《建筑施工安全检查标准》(JGJ 59－1999) 等规范和标准。

3) 临电器材和用电设备是否具备安全防护装置和有安全措施。

①室外及固定的配电箱要有防雨防砸棚、围栏，如果是金属的，还要接保护零线、箱子下方砌台、箱门配锁、有警告标

志和制度责任人等。

②木工机械等的环境和防护设施应齐全有效。

③手持电动工具应达标。

4）生活和施工照明的特殊要求。

①灯具（碘钨灯、镝灯、探照灯、手把灯等）高度、防护、接线、材料符合规范要求。

②走线要符合规范并有必要的保护措施。

③在需要使用安全电压场所要采用低压照明，低压变压器配置符合要求。

5）消防泵、大型机械的特殊用电要求。对塔式起重机、消防泵、外用电梯等配置专用电箱，做好防雷接地，对塔式起重机、外用电梯电缆要做合适处理等。

6）雨期施工中，对绝缘和接地电阻进行及时摇测并记录情况。

（2）施工准备阶段。

1）如施工区域内有地下电缆、水管或防空洞等，要指令专人进行妥善处理。

2）现场内或施工区域附近有高压架空线时，要在施工组织设计中采取相应的技术措施，确保施工安全。

3）施工现场的周围如临近居民住宅或交通要道，要充分考虑施工扰民、妨碍交通、发生安全事故的各种可能因素，以确保人员职业健康安全。对有可能发生的危险隐患，要有相应的防护措施，如搭设过街、民房防护棚，施工中作业层采取全封闭措施等。

4）在现场内设金属加工、混凝土搅拌站时，要尽量远离居民区及交通要道，防止施工中噪声干扰居民正常生活。

（3）基础施工阶段。

1）土方施工前，检查是否有有针对性的安全技术交底并督促执行。

2）在雨期或地下水位较高的区域施工时，检查是否有排水、挡水和降水措施。

3）根据组织设计检查放坡比例是否合理，有没有支护措施或打护坡桩。

4）深基础施工，检查作业人员工作环境和通风是否良好。

5）检查工作位置距基础 2 m 以下是否有基础周边防护措施。

（4）结构施工阶段。

1）做好对外脚手架的安全检查与验收，预防高处坠落和防物体打击。主要包括以下几个方面的内容：

①搭设材料和安全网合格与检测。

②水平 6 m 支网和 3 m 挑网。

③出入口的护头棚。

④脚手架搭设基础、间距、拉结点、扣件连接。

⑤卸荷措施。

⑥结构施工层和距地 2 m 以上操作部位的外防护等。

2）做好“三宝”等安全防护用品（安全帽、安全带、安全网、绝缘手套、防护鞋等）的使用检查与验收。

3）做好孔、洞口（楼梯口、预留洞口、电梯井口、管道井口、首层出入口等）的安全检查与验收。

4）做好临边（阳台边、屋面周边、结构楼层周边、雨篷与挑檐边、水箱与水塔周边、斜道两侧边、卸料平台外侧边、梯段边）的安全检查与验收。

5）做好机械设备人员教育和持证上岗情况，对所有设备进行检查与验收。

6）对材料，特别是大模板存放和吊装使用进行检查与验收。

7）对施工人员上下通道进行检查与验收。

8）对一些特殊结构工程，如钢结构吊装、大型梁架吊装以及特殊危险作业要对施工方案和安全措施、技术交底进行检查与验收。

（5）装修施工阶段。

1）对外装修脚手架、吊篮、桥式架子的保险装置、防护措施在投入使用前进行检查与验收，日常期间要进行安全检查。

2）对室内管线洞口防护设施进行安全检查。

3）对室内使用的单梯、双梯、高凳等工具及使用人员的安全技术交底进行安全检查。

4）内装修使用的架子搭设和防护。

5）检查内装修作业所使用的各种染料、涂料和胶粘剂是否挥发有毒气体。

6）对多工种的交叉作业进行安全检查。

（6）竣工收尾阶段。

1）对外装修脚手架的拆除进行安全检查。

2）对现场清理工作进行安全检查。

第二节 文明施工

一、文明施工的项目

文明施工的项目包括现场围挡、封闭管理、施工场地、材料堆放、现场防火、治安综合治理、施工现场标牌等内容。

1. 现场围挡

（1）围挡的高度按当地行政区域的划分，市区主要路段的工地周围设置的围挡高度不低于 2.5 m；一般路段的工地周围设置的围挡高度不低于 1.8 m。

（2）围挡材料应选用砌体、金属板材等硬质材料，禁止使用彩条布、竹笆、安全网等易变形材料，做到坚固、平稳、整洁、美观。

（3）围挡的设置必须沿工地四周连续进行，不能有缺口或存在个别处不坚固等问题。

2. 封闭管理

（1）为加强现场管理，施工工地应有固定的出入口。出入口应设置大门以便于管理。

（2）出入口应有专职门卫人员及门卫管理制度，加强人员和材料进出的管理。

（3）为加强对出入现场人员的管理，规定进入施工现场人员都应佩戴工作卡以示证明，工作卡应佩戴整齐。

（4）出入大门口的形式，各企业各地区可按自己的特点进行设计。

3. 施工场地

（1）工地的地面，有条件的可做混凝土地面，无条件的可采用其他硬化地面的措施，使现场地面平整坚实。但像搅拌机棚内等处易积水的地方，应做水泥地面和有良好的排水措施。

（2）施工场地应有循环干道，且保持经常畅通，不堆放构件、材料，道路应平整坚实，无大面积积水。

（3）施工场地应有良好的排水设施，保证排水畅通。

（4）工程施工的废水、泥浆应经流水槽或管道流到工地集水池统一沉淀处理，不得随意排放和污染施工区域以外的河道、路面。

（5）施工现场的管道不能有跑、冒、滴、漏或大面积积水现象。

（6）施工现场应该禁止吸烟，防止发生危险。应该按照工程情况设置固定的吸烟室或吸烟处，吸烟室应远离危险区并设必要的灭火器材。

（7）工地应尽量绿化，尤其在市区主要路段的工地应该首先做到。

4. 材料堆放

（1）施工现场工具、构件、材料必须按照总平面图规定的位置堆放。

（2）各种材料、构件必须按品种、分规格堆放，并设置明显标牌。

（3）各种物料堆放必须整齐，砖成丁，砂、石等材料成方，大型工具应一头平齐，钢筋、构件、钢模板应堆放整齐并用通长的木方垫起。

（4）作业区及建筑物楼层内，应工完场清。除现浇混凝土的施工层外，上部各楼层凡达到强度的，随拆模应及时清理运走，不能马上运走的必须码放整齐。

（5）各楼层内清理的垃圾不得长期堆放在楼层内，应及时运走，施工现场的垃圾也应分别按类型集中堆放。

（6）易燃易爆物品不能混放，除现场有集中存放处外，班组使用的零散的各种易燃易爆物品，必须按有关规定存放。

5. 现场防火

（1）施工现场应根据施工作业条件订立消防制度或消防措施，并记录落实效果。

（2）按照不同作业条件，合理配备灭火器材。如电气设备附近应设置干粉类不导电的灭火器材；对于设置的泡沫灭火器应有换药日期和防晒措施。灭火器材设置的位置和数量等均应符合有关消防规定。

（3）当建筑施工高度超过 30 m（或当地规定）时，为解决单纯依靠消防器材灭火效果不足问题，要求配备有足够的消防水源和自救的用水量，立管直径在 $DN50$ 以上，有足够扬程的高压水泵保证水压和每层设有消防水源接口。

（4）施工现场应建立动火审批制度。凡有明火作业的必须经主管部门审批（审批时应写明要求和注意事项），作业时，应按规定设监护人员，作业后，必须确认无火源危险时，方可离开。

6. 治安综合治理

（1）施工现场应在生活区内适当设置工人业余学习和娱乐场所，以使劳动后的人员也能有合理的休息方式。

（2）施工现场应建立治安保卫制度和责任分工，并有专人负责进行检查落实情况。

（3）治安保卫工作不但是直接影响施工现场安全与否的重要工作，同时也是社会安定所必需，应该措施得力，效果明显。

7. 施工现场标牌

（1）施工现场的进口处应有整齐明显的“五牌一图”。

五牌：工程概况牌

管理网络及监督电话牌

消防保卫牌

职业健康安全生产牌

文明施工牌

一图：施工现场总平面图

五牌内容没有作具体规定，可结合本地区、本企业及本工程特点进行要求。

（2）标牌是施工现场的重要标志，所以不但内容应有针对性，同时标牌制作、标挂也应规范整齐、字体工整。

（3）为进一步对职工做好安全宣传工作，要求施工现场在明显处应有必要的职业健康安全内容的标语。

（4）施工现场应该设置读报栏、黑板报等宣传园地，用以丰富学习内容，表扬好人好事。

二、脚手架的使用

脚手架包括落地式外脚手架、悬挑式脚手架、门型脚手架、挂脚手架、吊篮脚手架、附着式升降脚手架等。现以落地式外脚手架为例加以说明。

1. 施工方案

（1）脚手架搭设之前，应根据工程的特点和施工工艺确定搭设方案，内容应包括基础处理、搭设要求、杆件间距及连墙杆设置位置、连接方法，并绘制施工详图及大样图。

（2）脚手架的搭设高度超过规范规定的要进行计算。

1）连墙件及立杆地基承载力等应根据实际荷载进行设计计算并绘制施工图。

2）当搭设高度为 25～50 m 时，应对脚手架整体稳定性从构造上进行加强。如纵向剪刀撑必须连续设置，增加横向剪刀撑；连墙杆的强度相应提高，间距缩小。在多风地区对搭设高度超过 40 m 的脚手架，考虑风涡流的上翻力，应在设置水平连墙体的同时，还应有抗上升翻流作用的连墙措施等，以确保脚手架的使用安全。

3）当搭设高度超过 50 m 时，可采用双立杆加强或采用分段卸荷，沿脚手架全高分段将脚手架与梁板用钢丝绳吊拉，将脚手架的部分荷载传给由建筑物承担；或采用分段搭设，将各段脚手架荷载传给建筑物伸出的悬挑梁、架承担，并经设计计算。

4）对脚手架进行的设计计算必须符合脚手架规范的有关规定，并经公司（厂院）技术负责人审批。

（3）脚手架的施工方案应与现场搭设的脚手架类型相符，当现场因故改变脚手架类型时，必须重新修改脚手架搭设方案并经审批后方可施工。

2. 立杆基础

（1）脚手架立杆基础应符合方案要求。

1）搭设高度在 25 m 以下时，可素土夯实找平，上面铺 5 cm厚木板，长度为 2 m 时垂直于墙面放置；长度大于 3 m 时平行于墙面放置。

2）搭设高度在 25～50 m 时，应根据施工项目现场地基承载力情况设计。基础作法，或采用回填土分层夯实达到要求时，可用枕木支垫，或在地基上加铺 20 cm 厚道碴，其上铺设混凝土板，再仰铺［12～［16 号槽钢。

3）搭设高度超过 50 m 时，应进行计算并根据地基承载力设计基础作法，或于地面下 1 m 深处采用灰土基础，或浇注 50 cm厚混凝土基础，其上采用枕木支垫。

（2）扣件式钢管脚手架的底座有可锻铸铁制造与焊接底座两种。搭设时应用木垫板铺平，放好底座，再将立杆放入底座内，不准将立杆直接置于木板上，否则将改变垫板受力状态。底座下设置垫板有利于荷载传递。实验表明：标准底座下加设木垫板（板厚 5 cm，板长≥200 cm），可将地基土的承载能力提高 5 倍以上。当木板长度大于 2 跨时，将有助于克服两立杆间的不均匀沉陷。

（3）当立杆不埋设时，在离地面 20 cm 处设置纵向及横向扫地杆。设置扫地杆的做法与大横杆及小横杆相同，其作用是固定立杆底部，约束立杆水平位移及沉陷，从试验看，不设置扫地杆的脚手架承载能力也有下降。

（4）木脚手架的立杆埋设时，可不设置扫地杆。埋设深度为 30～50 cm，坑底应夯实垫碎砖，坑内回填土应分层夯实。

（5）脚手架基础地势较低时，应考虑周围设有排水措施，木脚手架立杆埋设回填土后应留有土墩高出地面，防止下部积水。

3. 架体与建筑结构拉结

（1）脚手架高度在 7 m 以下时，可采用设置抛撑方法来保持脚手架的稳定；当搭设高度超过 7 m，不便设置抛撑时，应与建筑物进行连接。

1）脚手架与建筑物连接不但可以防止因风荷载而发生的向内或向外倾翻事故，同时可以作为架体的中间约束，减少立杆的计算长度，提高承载能力，保证脚手架的整体稳定性。

2）连墙体的间距，一般应保证水平 6 m，垂直 4 m。当脚手架搭设高度需要缩小连墙杆间距时，减少垂直间距比缩小水平间距更为有效，从脚手架荷载试验来看，连墙杆按两步三跨设置比三步两跨设置时承载能力可提高 7%。

3）连墙杆应从底层第一步大横杆处开始设置。

4）连墙杆宜靠近主节点设置，距主节点不应大于 300 mm。

（2）连墙杆必须与建筑结构部位连接，以确保承载能力。

1）连墙杆位置应在施工方案中确定，并绘制作法详图，不得在作业中随意设置。严禁在脚手架使用期间拆除连墙杆。

2）连墙杆与建筑物连接作法可做成柔性连接或刚性连接。柔性连接可在墙体内预埋 $\phi8$ 钢筋环，用双股 8 号（$\phi4$）钢丝与架体拉接的同时增加支顶措施，限制脚手架里外两侧变形。当脚手架搭设高度超过 24 m 时，不准采用柔性连接。

3）在搭设脚手架时，连墙杆应与其他杆件同步搭设；在拆除脚手架时，应在其他杆件拆到连墙杆高度时，最后拆除连墙杆。最后一道连墙杆拆除前，应先设置抛撑后，再拆连墙杆，以确保脚手架拆除过程中的稳定性。

4. 杆件间距与剪刀撑

（1）立杆、大横杆、小横杆等杆件间距应符合规范规定和施工方案要求。当遇门口等处需加大间距时，应按规范规定进行加固。

（2）立杆是脚手架主要受力杆件，间距应均匀设置，不能加大间距，否则会降低立杆承载能力；大横杆步距的变化也直接影响脚手架承载能力，当步距由 1.2 m 增加到 1.8 m 时，临界荷载下降 27％。

（3）剪刀撑是防止脚手架纵向变形的重要措施，合理设置剪刀撑还可以增强脚手架的整体刚度，提高脚手架承载能力 12％以上。

1）每组剪刀撑跨越立杆根数为 5～7 根（≥6 m），斜杆与墙面夹角在 45°～60°之间。

2）高度在 24 m 以下的单、双排脚手架，均必须在外侧立面的两端各设置一组剪刀撑，由底部至顶部随脚手架的搭设连续设置；中间部分可间断设置，由底部至顶部随脚手架的搭设边搭边设；中间部分间断设置的，各组剪刀撑间距不大于 15 m。

3）高度在 25 m 以上的双排脚手架，在外侧立面必须沿长度和高度连续设置。

4）剪刀撑斜杆应与立杆和伸出的小横杆进行连接，底部斜杆的下端应置于垫板上。

5）剪刀撑斜杆的接长，均采用搭接，搭接长度不小于 0.5 m，设置不少于 2 个旋转扣件。

（4）横向剪刀撑。脚手架搭设高度超过 24 m 时，为增强脚手架横向平面的刚度，可在脚手架拐角处及中间沿纵向每隔 6 跨在横向平面内加设斜杆，使之成为“之”字形或“十”字形。遇操作层时可临时拆除，转入其他层时应及时补设。

5. 脚手板与防护栏杆

（1）脚手板是施工人员的作业平台，必须按照脚手架的宽度满铺，板与板之间紧靠。采用对接时，接头处下设两根小横杆；采用搭接时，接槎应顺重车方向；竹笆脚手板应按主竹筋垂直于大横杆方向铺设，且采用对接平铺，四角应用 $\phi1.2$ 镀锌钢丝固定在大横杆上。

（2）脚手板可采用竹、木、钢脚手板，其材质应符合规范要求。竹脚手板应采用由毛竹或楠竹制作的竹串片板、竹笆板。竹板必须是穿钉牢固，无残缺竹片；木脚手板应是 5 cm 厚，非脆性木材（如桦木等）、无腐朽、劈裂板；钢脚手板用 2 mm 厚板材冲压制成，如锈蚀，裂纹超规定时，不能使用。

（3）凡脚手板伸出小横杆以外大于 20 cm 的称为探头板。由于目前铺设脚手板多不与脚手管绑扎牢固，若遇探头板有可能造成坠落事故，为此必须严禁探头板出现。当操作层不需沿脚手架长度满铺脚手板时，可在端部采用护栏及网将作业面限定，把探头板封闭在作业面以外。

（4）脚手架外侧应按规定设置密目安全网，安全网设置在外排立杆的里面。密目网必须用合乎要求的系绳将网周边每隔 45 cm（每个环扣间隔）系牢在脚手管上。

（5）遇作业层时，还要在脚手架外侧大横杆与脚手板之间，按临边防护的要求设置防护栏杆和挡脚板，防止作业人员坠落和脚手板上物料滚落。

6. 交底与验收

（1）脚手架搭设前，施工负责人应按照施工方案要求，结合施工现场作业条件和队伍情况，做详细的交底，并有专人指挥。

（2）脚手架搭设完毕，应由施工负责人组织，有关人员参加，按照施工方案和规范分段进行逐项检查验收，确认符合要求后，方可投入使用。

（3）检验应按照相应规范要求的标准进行：

1）钢管立杆纵距偏差为±50 mm。

2）钢管立杆垂直度偏差不大于 1/100 H，且不大于 10 cm

（H 为总高度）。

3）扣件紧固力矩为：40～50 N·m，不大于 65 N·m。抽查安装数量的 5%，扣件不合格数量不多于抽查数量的 10%。扣件紧固程度直接影响脚手架的承载能力。试验表明，当扣件螺栓扭力矩为 30 N·m 时，比 40 N·m 时的脚手架承载能力下降 20%。

（4）对脚手架检查验收按规范规定进行，凡不符合规定的应立即进行整改，对检查结果及整改情况，应按实测数据进行记录，并由检测人员签字。

7. 小横杆设置

（1）规范规定应该在立杆与大横杆的交点处设置小横杆，小横杆应紧靠立杆用扣件与大横杆扣牢。设置小横杆的作用有三：一是承受脚手板传来的荷载；二是增强脚手板横向平面的刚度；三是约束双排脚手架里外两排立杆的侧向变形，与大横杆组成一个刚性平面，缩小立杆的长细比，提高立杆的承载能力。当遇作业层时，应在两立杆中间再增加一道小横杆，以缩小脚手板的跨度；当作业层转入其他层时，中间处小横杆可以随脚手板一同拆除，但交点处小横杆不应拆除。

（2）双排脚手架搭设的小横杆，必须在小横杆的两端与里外排大横杆扣牢，否则双排脚手架将变成两片脚手架，不能共同工作，失去脚手架的整体性；当使用竹笆脚手板时，双排脚手架的小横杆两端应固定在立杆上，大横杆搁置在小横杆上固定，大横杆间距≤40 cm。

（3）单排脚手架小横杆的设置位置，与双排脚手架相同。不能用于半砖墙、18 cm 墙、轻质墙、土坯墙等稳定性差的墙体。小横杆在墙上的搁置长度不应小于 18 cm，小横杆入墙过短一是影响支点强度，另外单排脚手架产生变形时，小横杆容易拔出。

8. 杆件搭接

（1）木脚手架的立杆及大横杆的接长应采用搭接方法，搭接长度不小于 1.5 m，并应大于步距和跨距，防止受力后产生转动。

（2）钢管脚手架的立杆及大横杆的接长应采用对接方法。立杆若采用搭接，当受力时，因扣件的销轴受剪，降低承载能力。试验表明，对接扣件的承载能力比搭接大 2 倍以上；大横杆采用对接可使小横杆在同一水平面上，利于脚手架搭设；剪刀撑由于受拉（压），所以接长时应采用搭接，搭接长度不小于 50 cm，接头处设置扣件不少于两个。考虑脚手架的各杆件接头处传力性能差，所以接头应交错排列且不得设置在一个平面内。

9. 架体内封闭

（1）脚手架铺设脚手板一般应至少两层，上层为作业层，下层为防护层，当作业层脚手板发生问题而落下落物时，下层起防护作用。当作业层的脚手板下无防护层时，应尽量靠近作业层处挂一层平网作防护层，平网不应离作业层过远，应防止坠落时平网与作业层之间小横杆引起的伤害。

（2）当作业层脚手板与建筑物之间缝隙（≥15 cm）已构成落物落入危险时，也应采取防护措施，不使落物对作业层以下发生伤害。

10. 脚手架的材质

（1）木脚手架应采用质轻坚韧的剥皮杉杆或落叶松，不得使用质脆、腐朽及有枯节的木材。立杆梢径不小于7 cm，横杆梢径不小于 8 cm。

（2）钢管材质一般应使用 Q235（3 号钢）钢材，外径 48 mm（51 mm）、壁厚 3.5 mm 的焊接钢管，小横杆长度以 2.1～2.3 m 为宜，立杆、大横杆的长度以 4～4.5 m 为宜（不超过 6.5 m)，其重量控制在每根 25 kg 以内，便于操作。锈蚀、变形超过规定的，禁止使用。

扣件由可锻铸铁制成，当扣件螺栓拧紧，扭力矩为 40～50 N·m时，扣件本身所具有的抗滑、抗旋转和抗拔能力均能满足实际使用要求。

(3) 脚手架搭设必须选用同一种材质，当不同材质混搭时，节点的传力不合理，判定为不合格脚手架，检查表不得分。

11. 通道

(1) 各类人员上下脚手架必须在专门设置的人行通道（斜道）行走，不准攀爬脚手架，通道可附着于脚手架设置，也可靠近建筑物独立设置。

(2) 通道（斜道）构造要求：

1) 人行通道宽度不小于 1 m，坡度宜用 1∶3；运料斜道宽度不小于 1.5 m，坡度宜用 1∶6。

2) 拐弯处应设平台，通道及平台按临边防护要求设置防护栏杆及挡脚板。

3) 脚手板横铺时，横向水平杆中间增设纵向斜杆；脚手板顺铺时，接头采用搭接，下面板压住上面板。

4) 通道应设防滑条，间距不大于 30 cm。

12. 卸料平台

(1) 施工现场所用各种卸料平台，必须单独专门做出设计并绘制施工图纸。

(2) 卸料平台的施工荷载一般可按砌筑脚手架施工荷载 3 kN/m^2 计算，当有特殊要求时，按要求进行设计。

卸料平台应制作成定型化、工具化的结构，无论采用钢丝绳吊拉或型钢支撑式，都应能简单合理地与建筑结构连接。

(3) 卸料平台应自成受力系统，禁止与脚手架连接，防止给脚手架增加不利荷载，影响脚手架的稳定和平台的安全使用。

（4）卸料平台应便于操作，脚手板铺平绑牢，周围设置防护栏杆及挡脚板并用密目网封严，平台应在明显处设置标志牌，规定使用要求和限定荷载。

三、“三宝”、“四口”防护

“三宝”、“四口”防护检查评分表是对安全帽、安全网、安全带、楼梯口、电梯井口、预留洞口、坑井口、通道口及阳台、楼板、屋面等临边使用及防护情况的评价。

1.“三宝”防护

（1）安全帽。

1）在发生物体打击的事故分析中，由于不戴安全帽而造成伤害者占事故总数的90%。无论工地有多少人员，只要有一人不戴安全帽，就存在着被落物打击而造成伤亡的隐患。

2）安全帽标准：

①安全帽是防冲击的主要用品，它由具有一定强度的帽壳和帽衬缓冲结构组成，可以承受和分散落物的冲击力，能避免或减轻由于杂物高处坠落对头部的撞击伤害。

②人体颈椎冲击承受能力是有一定限度的，国际规定：用5 kg钢锤自1 m高度落下进行冲击试验，头模受冲击力的最大值不应超过500 kg；耐穿透性能用3 kg钢锥自1 m高度落下进行试验，钢锥不得与头模接触。

③帽壳采用半球形，表面光滑，易于滑走落物。前部的帽舌尺寸为10～55 mm，其余部分的帽檐尺寸为10～35 mm。

④帽衬顶端至帽壳顶内面的垂直间距为20～25 mm，帽衬至帽壳内侧面的水平间距为5～20 mm。

⑤安全帽在保证承受冲击力的前提下，要求越轻越好，质量不应超过400 g。

⑥每顶安全帽上应有制造厂名称、商标名称、型号、制造日期、许可证编号。每顶安全帽出厂，必须有检验部门批量验证和工厂检查合格证。

3）戴安全帽时，必须系紧下颚系带，防止安全帽坠落失去防护作用。安全帽在冬季佩戴在防寒帽外时，应随头型大小调节紧牢帽箍，保留帽衬与帽壳之间有缓冲作用的空间。

（2）安全网。

1）工程施工过程中，为防止落物和减少污染，必须采用密目式安全网对建筑物进行全封闭。

①外脚手架施工时，在落地式单排或双排脚手架的外排杆内侧，随脚手架的升高用密目网封闭。

②里脚手架施工时，在建筑物外侧距离 10 cm 搭设单排脚手架，随建筑物升高（升高作业面 1.5 m）用密目网封闭。当防护架距离建筑物尺寸较大时，应同时做好脚手架与建筑物每层之间的水平防护。

③当采用升降脚手架或悬挑脚手架施工时，除用密目网将升降脚手架或悬挑脚手架进行封闭外，还应对下部暴露出的建筑物门窗等孔洞及框架柱之间的临边，按临边防护的标准进行防护。

2）密目式安全立网标准：

①密目式安全网用于立网，网目密度不应低于 2 000 目/10 cm^2。

②耐贯穿性试验。用长 6 m、宽 1.8 m 的密目网，紧绑在与地面倾斜 30°的试验框架上，网面绷紧。将直径 48～50 mm、重 5 kg 的脚手管，距框架中心 3 m 高度自由落下，钢管不贯穿为合格。

③冲击试验。用长 6 m、宽 1.8 m 的密目网，紧绷在刚性试验水平架上。将长 100 cm、底面积为 2 800 cm^2、重 100 kg

的人形砂包一个，砂包方向为长边平行于密目网的长边，砂包位置为距网中心度高 1.5 m 平面上落下，网绳不断裂。

④每批安全网出厂前，必须有国家指定的监督检验部门批量验证和工厂检验合格证。

3）由于目前安全网生产厂家多，有些厂家不能保障产品质量，以致给职业健康安全生产带来隐患。为此，各地职业健康安全监督部门应加强管理。

（3）安全带。

1）安全带是主要用于防止人体坠落的防护用品，它同安全帽一样是适用于个人的防护用品。无论工地内独立悬空作业有多少人员，只要有一个不按规定佩戴安全带，即存在着坠落的隐患。

2）安全带应正确悬挂，要求如下：

①架子工使用的安全带绳长限定在 1.5～2 m。

②应做垂直悬挂，高挂低用较为安全。

③当做水平位置悬挂使用时，要注意摆动碰撞。

④不宜低挂高用。

⑤不应将绳打结使用，以免绳结受力剪断。

⑥不应将钩直接挂在不牢固物体或直接挂在非金属墙上，防止绳被割断。

3）安全带标准：

①冲击力的大小主要由人体体重和坠落距离而定，坠落距离与安全挂绳长度有关。使用 3 m 以上长绳应加缓冲器，单腰带式安全带冲击试验荷载不超过 9.0 kN。

②做冲击负荷试验。对架子工的安全带，做抬高 1 m 试验，以 100 kg 重量拴挂，自由坠落不断为合格。

③腰带和吊绳破断力不应低于 1.5 kN。

④安全带的带体上应缝有永久字样的商标、合格证和检验

证。合格证上应注明产品名称、生产日期、拉力试验、冲击试验、制作厂名、检验员姓名。

⑤安全带一般使用五年应报废。使用两年后，按批量抽验，以 80 kg 重量，做自由坠落试验，不破断为合格。

4）速差式自控器（可卷式安全带）使用要求：

①速差式自控器是装有一定绳长的盒子，作业时可随意拉出绳索使用，坠落时凭速度的变化引起自控。

②速差式自控器固定悬挂在作业点上方，操作者可将自控器内的绳索系在安全带上，自由拉出绳索使用，在一定位置上作业，工作完毕向上移动，绳索自行缩入自控器内。发生坠落时自控器受速度影响自控，对坠落者进行保护。

③速差式自控器在 1.5 m 距离以内自控为合格。

2.“四口”防护

（1）楼梯口、电梯井口防护。

1）《建筑施工高处作业安全技术规范》规定：进行洞口作业以及因工程工序需要而产生的，使人与物有坠落危险或危及人身职业健康安全的其他洞口进行高处作业时，必须按规定设置防护设施。

2）梯口应设置防护栏杆；电梯井口除设置固定栅门外（门栅高度不低于 1.5 m，网格的间距不应大于 15 cm），还应在电梯井内每隔两层（不大于 10 m）设置一道安全平网。平网内无杂物，网与井壁间隙不大于 10 cm。当防护高度超过一个标准层时，不得采用脚手板等硬质材料做水平防护。

3）防护栏杆、防护栅门应符合规范规定，整齐牢固，与现场规范化管理相适应。防护设施应在施工组织设计中有设计、有图纸，并经验收形成工具化、定型化的防护用具，安全可靠、整齐美观，能周转使用。

（2）预留洞口、坑、井防护。

1）按照《建筑施工高处作业安全技术规范》规定，对孔洞口（水平孔洞短边尺寸大于 25 cm 的，竖向孔洞高度大于 75 cm的 ）都要进行防护。

2）各类洞口的防护具体做法，应针对洞口大小及作业条件，在施工组织设计中分别进行设计规定，并在一个单位或在一个施工现场形成定型化，不允许有作业人员随意找材料盖上的临时做法，防止由于不严密、不牢固而存在事故隐患。

3）较小的洞口可临时砌死或用定型盖板盖严；较大的洞口可采用贯穿于混凝土板内的钢筋构成防护网，上面满铺竹笆或脚手板；边长在 1.5 m 以上的洞口，张挂安全平网并在四周设防护栏杆或按作业条件设计更合理的防护措施。

（3）通道口防护。

1）在建工程地面入口处和施工现场在施工程人员流动密集的通道上方，应设置防护棚，防止因落物造成物体打击事故。

2）防护棚顶部材料可采用 5 cm 厚木板或相当于 5 cm 厚木板强度的其他材料，两侧应沿栏杆架用密目式安全立网封严。出入口处防护棚的长度应视建筑物的高度而定，符合坠落半径的尺寸要求，见表 5-2。

表 5-2 出入口处防护棚长度与坠落半径的关系

建筑高度 h	坠落半径 R
2～5 m	2 m
5～15 m	3 m
15～30 m	4 m
＞30 m	5 m 以上

3）当使用竹笆等强度较低材料时，应采用双层防护棚，

以对落物起到缓冲作用。

4）防护棚上部严禁堆放材料，若因场地狭小，防护棚兼做物料堆放架时，必须经计算确定，按设计图纸验收。

(4) 阳台、楼板、屋面等临边防护。

临边防护栏搭设要求：

1）防护栏杆由上、下两道横杆及栏杆柱组成，上杆离地高度为1.0～1.2 m，下杆离地高度为0.5～0.6 m。横杆长度大于2 m时，必须加设栏杆柱。

2）栏杆柱的固定及其与横杆连接，其整体构造应使防护栏杆在上杆任何处能经受任何方向的1 000 N外力。

3）防护栏杆必须自上而下用密目网封闭，或在栏杆下边设置严密固定的高度不低于18 cm的挡脚板。

4）当临边外侧临街道时，除设置防护栏杆外，敞口立面必须采取满挂密目网做全封闭处理。

四、安全隐患的控制和事故处理

1. 安全隐患的控制

安全事故隐患是指可能导致安全事故的缺陷和问题，包括安全设施、过程和行为等诸方面的缺陷问题，因此，对检查和检验中发现的事故隐患，应采取必要的措施及时处理和化解，以确保不合格设施不使用、不合格过程不通过、不安全行为不放过，并通过的适当处理，防止安全事故的发生。

(1) 安全隐患的分类。

1）按危害程度分为一般隐患（危险性较低、事故影响或损失较小的隐患）、重大隐患（危险性较大、事故影响或损失较大的隐患）、特别重大隐患（危险性大、事故影响或损失大的隐患，如发生事故可能造成死亡10人以上，或直接经济损失500万元以上）。

2）按危害类型分为火灾隐患（占32.2%）、爆炸隐患（占

30.2%)、危房隐患（占 13.1%）、坍塌和倒塌隐患（占 5.25%）、滑坡隐患（占 2.28%）、交通隐患（占 2.71%）、泄漏隐患（占 2.01%）、中毒隐患（占 1.88%）。（以上依据来源于 1995 年原劳动部安管局组织调查结果）

3）按表现形式分为人的隐患（认识隐患、行为隐患）、机的状态隐患、环境隐患、管理隐患。

（2）安全隐患的控制要求。

1）项目部对各类事故隐患应确定相应的处理部门和人员，规定其职责和权限，要求一般问题当天解决，重大问题限期解决。

2）处理方式。

①对性质严重的隐患应停止使用、封存。

②指定专人进行整改，以达到规定的要求。

③进行返工，以达到规定的要求。

④对有不安全行为的人员先停止其作业或指挥，纠正违章行为，然后进行批评教育，情节严重的给予必要的处罚。

⑤对不安全生产的过程重新组织等。

3）隐患处理后的复查验证。

①对存在隐患的安全设施、安全防护用品的整改措施落实情况，必要时由项目部职业健康安全部门组织有关专业人员对其进行复查验证，并做好记录。只有当险情排除，采取了可靠措施后方可恢复使用或施工。

②上级或政府行业主管部门提出的事故隐患通知，由项目部及时报告企业主管部门，同时制定措施、实施整改，自查合格报企业主管部门复查后，再报有关上级或政府行业主管部门消项。

4）事故隐患的控制要按规定表式和内容填写并保存有关记录。

2. 安全事故的处理

事故是指人们在进行有目的的活动过程中，发生了违背人们意愿的不幸事件，使其有目的的行动暂时或永久地停止。

安全事故是指职工在劳动生产过程中发生的人身伤害、急性中毒事故。

项目所发生的安全事故大体可分为两类：一是因工伤亡，即在项目生产过程中发生的；二是非因工伤亡，即与施工生产活动无关造成的伤亡。

根据国务院75号令《企业职工伤亡事故报告和处理规定》及建设部建监［1994］96号文《关于印发〈建设职工伤亡事故统计办法〉的通知》等有关规定，因工伤亡事故是指职工在本岗位劳动或虽不在本岗位劳动，但由于企业的设备和设施不安全、劳动条件和作业环境不良、管理不善以及企业领导指定到本企业外从事本企业活动，所发生的人身伤害（包括轻伤、重伤、死亡）和急性中毒事故。其中伤亡事故主体——人员包括两类：企业职工，指由本企业支付工资的各种用工形式的职工，包括固定职工、合同制职工、临时工（包括企业招用的临时农民工）等；非本企业职工，指代训工、实习生、民工、参加本企业生产的学生、现役军人、到企业进行参观、其他公务的人员，劳动、劳教中的人员，外来救护人员以及由于事故而造成伤亡的居民、行人等。

（1）报告安全事故。

1）安全事故报告程序。项目发生伤亡事故，负伤者或者事故现场有关人员应立即直接或逐级报告：

①轻伤事故，立即报告工程项目经理，项目经理报告企业主管部门和企业负责人。

②重伤事故、急性中毒事故、死亡事故，立即报告项目经理和企业主管部门、企业负责人，并由企业负责人立即以最快

速的方式报告企业上级主管部门、政府职业健康安全监察部门、行业主管部门，以及工程所在地的公安部门。

③重大事故由企业上级主管部门逐级上报。涉及两个以上单位的伤亡事故，由伤亡人员所在单位报告，相关单位也应向其主管部门报告。事故报告要以最快捷的方式立即报告，报告时限不得超过地方政府主管部门的规定时限。

2）安全事故报告内容。

①事故发生（或发现）的时间、详细地点。

②发生事故的项目名称及所属单位。

③事故类别、事故严重程度。

④伤亡人数、伤亡人员基本情况。

⑤事故简要经过及抢救措施。

⑥报告人情况和联系电话。

（2）处理事故。事故发生后，现场人员要有组织、听指挥，迅速做好如下两件事情：

1）抢救伤员，排除险情，制止事故蔓延扩大。抢救伤员时，要采取正确的救助方法，避免二次伤害；同时遵循救助的科学性和实效性，防止抢救阻碍或事故蔓延；对于伤员救治医院的选择要迅速、准确，减少不必要的转院，贻误治疗时机。

2）为事故调查分析保护好事故现场。由于事故现场是提供有关物证的主要场所，是调查事故原因不可缺少的客观条件，要求现场各种物件的位置、颜色、形状及其物理、化学性质等尽可能保持事故结束时的原来状态。因此，在事故排险、伤员抢救过程中，要保护好事故现场，确因抢救伤员或为防止事故继续扩大而必须移动现场设备、设施时，现场负责人应组织现场人员查清现场情况，做出标志和记明数据，绘出现场示意图，任何单位和个人不得以抢救伤员等名义故意破坏或伪造事故现场。必须采取一切可能的措施，防止人为或自然因素的破坏。

发生事故的项目，其生产作业场所仍然存在危及人身职业健康安全的事故隐患，要立即停工，进行全面的检查和整改。

(3) 事故调查。

1）组织事故调查组。在接到事故报告后，企业主管领导应立即赶赴现场组织抢救，并迅速组织调查组开展事故调查。

①轻伤事故：由项目经理牵头，项目经理部生产、技术、职业健康安全、人事、保卫、工会等有关部门的成员组成事故调查组。

②重伤事故：由企业负责人或其指定人员牵头，企业生产、技术、职业健康安全、人事、保卫、工会、监察等有关部门的成员，会同上级主管部门负责人组成事故调查组。

③死亡事故：由企业负责人或其指定人员牵头，企业生产、技术、职业健康安全、人事、保卫、工会、监察等有关部门的成员，会同上级主管部门负责人、政府职业健康安全监察部门、行业主管部门、公安部门、工会组织组成事故调查组。

④重大死亡事故，按照企业的隶属关系，由省、自治区、直辖市企业主管部门或者国务院有关主管部门会同同级行政职业健康安全管理部门、公安部门、监察部门、工会组成事故调查组，进行调查。重大死亡事故调查组应邀请人民检察院参加，还可邀请有关专业技术人员参加。

⑤事故调查组成员应符合下列条件：

a. 与所发生事故没有直接利害关系。

b. 具有事故调查所需要的某一方面业务的专长。

c. 满足事故调查中涉及企业管理范围的需要。

2）现场勘察。现场勘察是技术性很强的工作，涉及广泛的科技知识和实践经验，调查组对事故的现场勘察必须做到及时、全面、准确、客观。现场勘察的主要内容有：

①现场作业笔录。

a. 发生事故的时间、地点、气象等。

b. 现场勘察人员姓名、单位、职务。

c. 现场勘察起止时间、勘察过程。

d. 事故造成的破坏情况、状态、程度等。

e. 设备损坏或异常情况及事故前后的位置。

f. 事故发生前劳动组合、现场人员的位置和行动。

g. 散落情况。

h. 重要物证的特征、位置及检验情况等。

②现场拍照或摄像。

a. 方位拍照，能反映事故现场在周围环境中的位置。

b. 全面拍照，能反映事故现场各部分之间的联系。

c. 中心拍照，反映事故现场中心情况。

d. 细目拍照，提示事故直接原因的痕迹物、致害物等。

e. 人体拍照，反映伤亡者主要受伤和造成死亡的伤害部位。

③绘制现场示意图。根据事故类别和规模以及调查工作的需要应绘出下列示意图：

a. 建筑物平面图、剖面图。

b. 事故时人员位置及活动图。

c. 破坏物立体图或展开图。

d. 涉及范围图。

e. 设备或工具、器具构造简图等。

④收集事故资料。

a. 事故单位的营业证照及复印件。

b. 有关经营承包经济合同。

c. 职业健康安全生产管理制度。

d. 技术标准、职业健康安全操作规程、职业健康安全技术交底。

e. 职业健康安全培训材料及职业健康安全培训教育记录。

f. 项目职业健康安全施工资质和证件。

g. 伤亡人员证件（包括特种作业证、就业证、身份证）。

h. 劳务用工注册手续。

i. 事故调查的初步情况（包括伤亡人员的自然情况、事故的初步原因分析等）。

s. 事故现场示意图。

3）分析事故原因。

①事故性质。

a. 责任事故。是指由于人的过失造成的事故。

b. 非责任事故。即由于人们不能预见或不可抗力的自然条件变化所造成的事故，或是在技术改造、发明创造、科学试验活动中，由于科学技术条件的限制而发生的无法预料的事故。但是，对于能够预见并可以采取措施加以避免的伤亡事故，或没有经过认真研究解决技术问题而造成的事故，不能包括在内。

c. 破坏性事故。即为达到既定目的而故意制造的事故。对已确定为破坏性事故的，由公安机关认真追查破案，依法处理。

②事故原因。

a. 直接原因。根据《企业职工伤亡事故分类》（GB 6441—1986）附录 A，直接导致伤亡事故发生的机械、物质和环境的不安全状态，以及人的不安全行为，是事故的直接原因。

b. 间接原因。事故中属于技术和设计上的缺陷，教育培训不够、未经培训、缺乏或不懂职业健康安全操作技术知识，劳动组织不合理，对现场工作缺乏检查或指导错误，没有职业健康安全操作规程或不健全，没有或不认真实施事故防范措施，对事故隐患整改不利等原因，是事故的间接原因。

c. 主要原因。导致事故发生的主要因素，是事故的主要原因。

③事故分析的步骤。

a. 整理和阅读调查材料。

b. 根据《企业职工伤亡事故分类》（GB 6441—1986）附录A，按以下7项内容进行分析：受伤部位；受伤性质；起因物；致害物；伤害方法；不安全状态；不安全行为。

c. 确定事故的直接原因。

d. 确定事故的间接原因。

（4）处理事故责任者。在分析事故原因时，应根据调查所确认的事实，从直接原因入手，逐步深入到间接原因，从而掌握事故的全部原因。通过对直接原因和间接原因的分析，确定事故中的直接责任者和领导责任者，再根据其在事故发生过程中的作用，确定主要责任者。

在查清伤亡事故原因后，必须对事故进行责任分析，目的在于使事故责任者、单位领导人和广大职工群众吸取教训，接受教育，改进工作。

责任分析可以通过事故调查所确认的事实，根据事故发生的直接和间接原因，按有关人员的职责、分工、工作状态和在具体事故中所起的作用，追究其所应负的责任；按照有关组织管理人员及生产技术因素，追究最初造成不安全状态的责任；按照有关技术规定的性质、明确程度、技术难度，追究属于明显违反技术规定的责任；不追究属于未知领域的责任。根据事故性质、事故后果、情节轻重、认识态度等，提出对事故责任者的处理意见。

确定责任者的原则为：因设计上的错误和缺陷而发生的事故，由设计者负责；因施工、制造、安装和检修上的错误或缺陷而发生的故事，分别由施工、制造、安装、检修及检验者负责；因缺少职业健康安全规章制度而发生的事故，由生产组织者负责；已发生事故未及时采取有效措施，致使类似事故重复发生的，由有关领导负责。

根据对事故应负责任的程度不同，事故责任者分为直接责任者、主要责任者、重要责任者和领导责任者。对事故责任者的处理，在以教育为主的同时，还必须按责任大小、情节轻重等，根据有关规定，分别给予经济处罚、行政处分，直至追究刑事责任。对事故责任者的处理意见形成之后，企业有关部门必须按照人事管理的权限尽快办理报批手续。

3. 职业健康安全事故现场救护知识

(1) 触电事故。

1）假如触电者伤势不重、神志清醒、未失去知觉，但有些内心惊慌、四肢发麻、全身无力，或触电者在触电过程中曾一度昏迷，但已清醒过来，则应保持空气流通和注意保暖，使触电者安静休息，不要走动，严密观察，并请医生前来诊治或者送往医院。

2）假如触电者伤势较重，已失去知觉，但心脏跳动和呼吸还存在，应使触电者舒适、安静地平卧；周围不围人，使空气流通；解开触电者的衣服以利于呼吸，如天气寒冷，要注意保暖，并迅速请医生诊治或送往医院。如果发现触电者呼吸困难，严重缺氧，面色发白或发生痉挛，应立即请医生作进一步抢救。

3）假如触电者伤势严重，呼吸停止或心脏跳动停止，或两者都已停止，仍不可以认为已经死亡，应立即施行人工呼吸或胸外心脏按压，并迅速请医生诊治或送医院。

①人工呼吸法。人工呼吸法是在触电者停止呼吸后应用的急救方法。施行人工呼吸前，应迅速将触电者身上妨碍呼吸的

衣领、上衣、裤带等解开，使胸部能自由扩张，并迅速取出触电者口腔内妨碍呼吸的异物，以免堵塞呼吸道。做口对口人工呼吸时，应使触电者仰卧，并使其头部充分后仰，使鼻孔朝上，如舌根下陷，应把它拉出来，以使呼吸道畅通。

②胸外心脏按压法。胸外心脏按压法是触电者心脏跳动停止后的急救方法。做胸外心脏按压时，应使触电者仰卧在比较坚实的地方，在触电者胸骨中段叩击 1～2 次，如无反应再进行胸外心脏按压。人工呼吸与胸外心脏按压应持续 4～6 小时，直至病人清醒或出现尸斑为止，不要轻易放弃抢救。当然应尽快请医生到场抢救。

4）如果触电人受外伤，可先用无菌生理盐水和温开水洗伤，再用干净绷带或布类包扎，然后送医院处理。如伤口出血，则应设法止血。通常方法是：将出血肢体高高举起，或用干净纱布扎紧止血等，同时急请医生处理。

（2）火灾事故。

1）火灾急救。

①施工现场发生火灾事故时，应立即了解起火部位、燃烧的物质等基本情况，拨打“119”向消防部门报警，同时组织撤离和扑救。

②在消防部门到达前，对易燃易爆的物质采取正确有效的隔离。如切断电源，撤离火场内的人员和周围易燃易爆物及一切贵重物品，根据火场情况，机动灵活地选择灭火器具。

③救火人员应注意自我保护，使用灭火器材救火时应站在上风位置，以防因烈火、浓烟熏烤而受到伤害。

④必须穿越浓烟逃走时，应尽量用浸湿的衣物披裹身体，用湿毛巾或湿布捂住口鼻，或贴近地面爬行。身上着火时，可就地打滚，或用厚重衣物覆盖压灭火苗。

⑤大火封门无法逃生时，可用浸湿的被褥衣物等堵塞门

缝，泼水降温，呼救待援。

⑥在扑救的同时要注意周围情况，防止中毒、坍塌、坠落、触电、物体打击等第二次事故的发生。

⑦在灭火后，应保护火灾现场，以便事后调查起火原因。

2）烧伤人员现场救治。

①伤员身上燃烧着的衣服一时难以脱下时，可让伤员躺在地上滚动，或用水洒扑灭火焰。如附近有河沟或水池，可让伤员跳入水中。如为肢体烧伤则可把肢体直接浸入冷水中灭火和降温，以保护身体组织免受灼烧的伤害。

②用清洁包布覆盖烧伤面做简单包扎，避免创面污染。

③伤员口渴时可给适量饮水或含盐饮料。

④经现场处理后的伤员要迅速转送医院救治，转送过程中要注意观察呼吸、脉搏、血压等的变化。

（3）严重创伤出血伤员救治。

1）止血。

①当肢体受伤出血时，先抬高伤肢，然后用消毒纱布或棉垫覆盖在伤口表面，在现场可用清洁的手帕、毛巾或其他棉织品代替，再用绷带或布条加压包扎止血。

②当肢体动脉创伤出血时，一般的止血包扎达不到理想的止血效果。这时，就先抬高肢体，使静脉血充分回流，然后在创伤部位的近心端放上弹性止血带，在止血带与皮肤间垫上消毒纱布棉垫，以免扎紧止血带时损伤局部皮肤。止血带必须扎紧，要加压扎紧到切实将该处动脉压闭。同时记录上止血带的具体时间，争取在上止血带后 2 小时以内尽快将伤员转送到医院救治。要注意过长时间地使用止血带，肢体会因严重缺血而坏死。

2）包扎、固定。

①创伤处用消毒的敷料或清洁的医用纱布覆盖，再用绷带

或布条包扎，既可以保护创口预防感染，又可减少出血帮助止血。

②在肢体骨折时，可借助绷带包扎夹板来固定受伤部位上下两个关节，减少损伤，减少疼痛，预防休克。

③在房屋倒塌中，一般受伤人员均表现为肢体受压。在解除肢体压迫后，应马上用弹性绷带缠绕伤肢，以免发生组织肿胀。这种情况下的伤肢就不应该抬高，不应该局部按摩，不应该施行热敷，不应该继续活动。

3）搬运。

经现场止血、包扎、固定后的伤员，应尽快正确地搬运转送医院抢救。不正确的搬运，可导致继发性的创伤，加重病痛，甚至威胁生命。搬运伤员要点：

①肢体受伤有骨折时，宜在止血包扎固定后再搬运，防止骨折断端因搬运振动而移位，加重疼痛，再继发损伤附近的血管神经，使创伤加重。

②处于休克状态的伤员要让其安静、保暖、平卧、少动，并将下肢抬高约 20°左右，及时止血、包扎、固定伤肢以减少创伤疼痛，尽快送往医院进行抢救治疗。

③在搬运严重创伤伴有大出血或已休克的伤员时，要平卧运送伤员，头部可放置冰袋或戴冰帽，路途中要尽量避免振荡。

④在搬运高处坠落伤员时，若疑有脊椎受伤可能的，一定要使伤员平卧在硬板上搬运，切忌只抬伤员的两肩与两腿或单肩背运伤员。因为这样会使伤员的躯干过分屈曲或过分伸展，致使已受伤了的脊椎移位，甚至断裂而造成截瘫甚至死亡。

（4）中毒事故。

1）施工现场一旦发生中毒事故，均应设法尽快使中毒人员脱离中毒现场、中毒物源，排除吸收的和未吸收的毒物。

2）救护人员在将中毒人员脱离中毒现场的急救过程中，应注意自身的保护，在有毒有害气体发生场所，应视情况，采用加强通风或用湿毛巾等捂住口、鼻，腰系安全绳，并有场外人控制、应急，如有条件的要使用防毒面具。

3）在施工现场因接触油漆、涂料、沥青、外渗剂、添加剂、化学制品等有毒物品中毒时，应脱去污染的衣物并用大量的微温水清洗污染的皮肤、头发以及指甲等，对不溶于水的毒物用适宜的溶剂进行清洗。吸入毒物中毒人员尽可能送往有高压氧舱的医院救治。

4）在施工现场食物中毒，对一般神志清楚者应设法催吐：喝微温水 300～500 mL，用压舌板等刺激咽后壁或舌根部以催吐，如此反复，直到吐出物为清亮物体为止。对催吐无效或神志不清者，则送往医院救治。

5）在施工现场如已发现心跳、呼吸不规则或停止呼吸、心跳的时间不长，则应把中毒人员移到空气新鲜处，立即使用口对口（口对鼻）呼吸法和体外心脏按压法进行抢救。

（5）中暑后抢救。夏季，在建筑工地上劳动或工作最容易发生中暑，轻者全身疲乏无力，头晕、头疼、烦闷、口渴、恶心、心慌；重者可能突然晕倒或昏迷不醒。遇到这种情况应马上进行急救，让病人平躺，并放在阴凉通风处，松解衣扣和腰带，慢慢地给患者喝一些凉开（茶）水、淡盐水或西瓜汁等，也可给病人服用十滴水、仁丹、藿香正气片（水）等消暑药。病重者，要及时送往医院治疗。

参考文献

[1] 许炳权. 装饰装修施工技术 [M]. 北京：中国建材工业出版社，2003.

[2] 雍本. 装饰工程施工手册 [M]. 2 版. 北京：中国建筑工业出版社，1997.

[3] 顾国华. 实用建筑装饰施工手册 [M]. 北京：中国建筑工业出版社，1999.

[4] 中国建筑工程总公司. 建筑装饰装修工程施工工艺标准 [M]. 北京：中国建筑工业出版社，2003.

[5] 朱维益，刘宪文，张玉凤. 建筑施工便携手册 [M]. 北京：机械工业出版社，2003.

[6] 杨茂森，等. 建筑材料质量检验 [M]. 北京：中国计划出版社，2000.

[7] 洪向道. 新编常用建筑材料手册 [M]. 北京：中国建材工业出版社，2006.

[8] 柯国军. 建筑材料质量控制监理 [M]. 北京：中国建筑工业出版社，2003.

[9] 曹文达. 材料员必读 [M]. 北京：中国电力出版社，2004.

[10] 陈建东. 金属与石材幕墙工程技术规范应用手册 [M]. 北京：中国建筑工业出版社，2001.